翟桂荣 编著

北京妇产医院主任医师
中华医学会产科专家

翟桂荣每日指导

U0302370

中国轻工业出版社

图书在版编目（CIP）数据

翟桂荣每日指导·断奶餐 / 翟桂荣编著. — 北京：
中国轻工业出版社，2016.6
ISBN 978-7-5184-0845-0

Ⅰ. ①翟… Ⅱ. ①翟… Ⅲ. ①婴幼儿－食谱 Ⅳ.
①TS972.162

中国版本图书馆CIP数据核字（2016）第049851号

责任编辑：付 佳 王芙洁 责任终审：唐是雯 整体装帧：水长流
策划编辑：付 佳 王芙洁 责任校对：晋 洁 责任监印：马金路

出版发行：中国轻工业出版社（北京东长安街6号，邮编：100740）
印　　刷：北京博海升彩色印刷有限公司
经　　销：各地新华书店
版　　次：2016年6月第1版第1次印刷
开　　本：720×1000 1/16 印张：12
字　　数：220千字
书　　号：ISBN 978-7-5184-0845-0　　　　　定价：32.80元
邮购电话：010-65241695 传真：65128352
发行电话：010-85119835 85119793 传真：85113293
网　　址：http://www.chlip.com.cn
Email: club@chlip.com.cn
如发现图书残缺请直接与我社邮购联系调换
150514S7X101ZBW

　　断奶餐，也就是通常我们所说的辅食。只不过，随着宝宝的成长，到了宝宝真正断奶后，原来的辅食就变成了主食。

　　0～1岁是宝宝一生中食物变化最大的一段时期。随着宝宝渐渐长大，母乳的营养已经跟不上宝宝的成长，添加断奶餐是每个宝宝的必经阶段。对于新手爸妈来说，宝宝从吃奶到断奶这段时期怎么过渡，断奶餐怎么制作，食物怎么选择等，都成了他们需要考虑的问题。

　　本书按照宝宝添加断奶餐不同阶段，结合图片，选择性给出了营养丰富的食谱，分步骤对每道断奶餐的材料、做法、营养功效等做出了具体介绍。让爸爸妈妈轻松学做断奶餐，给宝宝提供全面的营养，培养宝宝科学饮食习惯，让宝宝轻松度过断奶期。

　　当然，宝宝断奶不是一下子能完成的事儿，是一个渐进的过程。爸爸妈妈一定要有耐心和爱心，帮助宝宝冲过断奶关，茁壮成长。

目Contents录

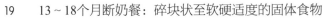

断奶初期（4~6个月）

CHAPTER

3　断奶中期（7～9个月）

第三节　新手妈妈问答

第四节　断奶中期营养饮食推荐表

CHAPTER

4

断奶后期（10～12个月）

第一节　断奶餐喂养须知

第二节　断奶餐食谱推荐

第三节　新手妈妈问答

第四节　断奶后期营养饮食推荐表

第四节　断奶结束期营养饮食推荐表

断奶期不适的饮食调理

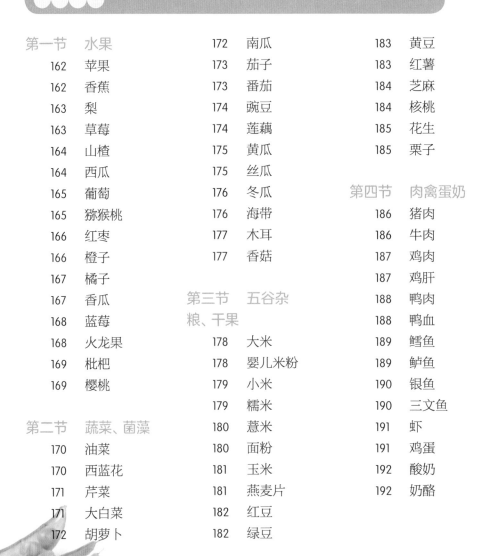

CHAPTER

7 家庭常用断奶餐食材

CHAPTER 1

断奶餐喂养的基础知识

蛋白质·
可促进宝宝的机体发育，调节生理功能，增加机体抵抗力。

脂肪·
提供人体30%左右的热量；促进脂溶性维生素的吸收；促进宝宝生长发育和维持皮肤、毛细血管的正常功能。

碳水化合物·
是人体最主要的热量来源，是细胞膜及不少组织的组成部分，维持正常的神经功能，促进脂肪、蛋白质在体内的代谢。

维生素·
维持正常的生理功能，并帮助人体从食物中获取有益元素，在宝宝生长、代谢、发育过程中发挥着重要作用。

水·
水是"生命之源"，占人体体重的60%~70%。充足的水分能确保宝宝的正常发育和身体健康。

矿物质·
是人体代谢中的必要物质。常量元素在体内的含量大于体重的0.01%，如钙、磷、钠、钾、镁等；微量元素在体内的含量小于体重的0.01%，如铁、铜、锌、硒、碘、铬、钴等。

膳食纤维·
宝宝吃膳食纤维可以促进咀嚼肌的发育，有助于宝宝牙齿与下颌的发育；膳食纤维有效促进肠道蠕动，有助于宝宝建立正常排便规律，减少宝宝便秘的发生，使宝宝肠道更健康。

给宝宝吃断奶餐，你准备好了吗

在进食母乳、奶粉的同时，添加辅食是宝宝成长的必经阶段，也应该是一件轻松快乐的事。对于宝宝即将开始的断奶辅食添加，新手父母准备好了吗？和宝宝一起分享快乐的进餐时光吧！

● **放松心情，轻松应对**

给宝宝添加断奶食品前，妈妈经常会变得紧张焦虑：从哪种材料开始？应该将断奶食品做成什么样？如何掌握宝宝的喂食量？如可调味？宝宝吃了会不会有什么问题？如果宝宝出现呕吐和腹泻怎么办？这些担心会一个接一个地出现在妈妈的脑海里，搞得妈妈十分慌乱。

其实，新手妈妈不要紧张，只要注意观察宝宝吃断奶食品的反应，并且小心谨慎地开始添加断奶食品，密切地与宝宝进行感情交流，就可以让宝宝渐渐适应断奶过程。

● **新手妈妈早知道**

1. 要让宝宝从吸吮到咀嚼顺利过渡。食品应从汁到泥，如从果蔬汁到果蔬泥再到碎菜、碎果；由米汤到稀粥再到稠粥。食品由细到粗，量由少到多。

2. 要仔细观察宝宝有无食物过敏。开始时只添加一种新食物，让宝宝从口感到胃肠道功能都逐渐适应。同时注意观察宝宝是否出现过敏反应，如果没问题，过3~5天再给宝宝加第二种食物。

● **不必苛求每天的断奶食谱**

妈妈要想每天都做出搭配完全合理的断奶食谱不是一件容易的事情，而宝宝也并不一定会按照妈妈制订的食谱乖乖进食。因此不必过于苛求食谱的具体内容，特别是刚开始的时候。要灵活应对宝宝添加断奶餐后出现的各种问题，以轻松的心态让宝宝快乐吃辅食。

断奶餐开始的时间不可一刀切

对于年轻的父母来说，断奶餐到底从什么时候开始添加呢？其实，父母无须追究到底何时给宝宝添加断奶餐好，应该根据宝宝的具体生长情况来决定。但需要注意下面两点：

● **满4个月前不要给宝宝添加断奶餐**

即使是人工喂食的宝宝，满4个月之前，母乳或者配方奶的营养足够满足宝宝成长的需求，如果此时添加断奶餐，反而对宝宝发育不利。

首先，月龄较小的宝宝消化酶还不成熟，适应力也较差，过早地添加断奶餐可能会伤害宝宝的消化系统，增加宝宝的肠胃负担，危害宝宝的身体健康。

其次，宝宝的胃容量很小，过早添加断奶餐，就会减少奶水的摄入，特别容易导致营养不良。

● **最好不要晚于6个月给宝宝添加断奶餐**

即使母乳充足，宝宝满6个月，妈妈也应该开始给宝宝添加断奶餐了。

首先，添加断奶餐不仅满足宝宝多样化的营养需求，还可锻炼其咀嚼和吞咽能力。宝宝在6个月时已经具备了咀嚼能力，这让宝宝有了吃断奶餐的基础，有了实际"吃"的本领。

其次，大多数6个月的宝宝活动量明显增加了，对营养的需求也增大了，单纯吃奶已经不能满足需要，应该有更多的食物供应。

Tips

4~6个月是宝宝断奶餐的尝试期，建议爸爸妈妈注意观察宝宝的发育情况。如果宝宝已经出现了可以吃断奶餐的表现，就可以尝试让其吃断奶餐了。因为这个时候添加辅食，宝宝很容易接受，如果错过这个敏感期，再加辅食可能就没那么容易了。

特殊情况可推迟添加断奶餐的时间

1. 有家族性食物过敏史。
2. 早产儿。早产宝宝的吸吮、吞咽、呼吸、消化功能发育和协调都需要较长的时间。
3. 试图添加断奶餐时宝宝不予理睬。

抓住添加断奶餐的好时机

如果决定在宝宝6个月前添加辅食，首先要咨询一下保健医生。通常宝宝出现以下表现是添加断奶餐的最佳时机：

1. 喂过奶后宝宝仍然看起来没吃饱。
2. 以前可以睡一整夜，但现在半夜会醒来哭闹且不易安抚。
3. 体重增加减慢。

宝宝可接受断奶餐的表现

新手爸妈通过细心观察不难发现，宝宝可以接受断奶餐时，身体会发出明确的信号：

● **食欲增强**

宝宝似乎很饿，即使每天吃8~10次母乳或配方奶，看起来仍然很饿。

● **不再用舌头把食物顶出嘴外**

当父母给宝宝喂断奶餐时，如果宝宝把刚喂进嘴里的东西吐出来，说明喂断奶餐还不到时候。这种伸舌头的表现是一种本能的自我保护。

● **能自由控制头部，挺直头和脖子**

如果宝宝还不能挺直头和脖子，此时喂辅食很容易引起吞咽困难。当宝宝基本能坐稳，自由控制头颈时，添加辅食更安全。

● **对食物感兴趣**

当父母舀起食物放进宝宝嘴里时，宝宝会尝试着舔进嘴里并咽下，显得很高兴、很好吃的样子，说明宝宝对吃东西感兴趣。

4个月前后，宝宝一般都能控制自己的头部和上半身，宝宝可以通过转头、前倾、后仰等来表示想吃或不想吃，若宝宝表示不想吃，一定不要强迫喂食，几天后再试试。

断奶餐怎么加，加多少

爸爸妈妈可以根据宝宝个体发育情况来决定添加断奶餐的时间。断奶餐添加初期应该选择婴儿营养米粉。婴儿米粉不仅含有宝宝生长发育所需的基本营养素，还容易消化吸收。

初期添加断奶餐，可每天1～2次，在两次喂奶前添加。断奶餐添加量由少量开始，根据宝宝接受情况（进食、排便、过敏与否等）逐渐增加每次喂养量和种类。开始时，每次断奶餐后仍需给宝宝喂奶，保证一次喂食能吃饱。

注意食物品种多样化

这里说的品种多样不是一次就给宝宝吃很多种食材的断奶餐，而是在食材的选择、烹饪、搭配、食物形状等方面，爸爸妈妈可以多下些功夫，同样的食材给宝宝呈现不一样的样子，以此来调动宝宝的食欲，让宝宝爱上断奶餐。

注意食物过敏

在添加辅食的同时，要时刻注意宝宝对新添加的食物有无过敏反应。

一般刚开始加辅食时，以一周新添加一种食物最为安全，以便观察宝宝的反应，及时判断宝宝出现不适的原因。以下是食物过敏的几种常见表现：

1. 腹胀。

2. 嘴或肛门周围出现皮疹。

3. 腹泻。

4. 便秘。

5. 哮喘。

6. 流鼻涕或流眼泪。

7. 眼睛发红或耳朵感染。

8. 异常不安或哭闹。

出现上述任何现象，都应停止新添加食物。症状消失2～3周后可以再少量尝试，如再次出现过敏现象，最好推迟2个月左右再试。

有些严重致敏的食物甚至要推迟到1周岁以后再尝试比较安全。

第二节 断奶餐喂养的4个阶段

4~6个月断奶餐：泥糊状食物

当宝宝满4个月后，应适当添加些辅食，以补充营养。

● **4~6个月宝宝的营养需求**

这个时期宝宝的营养摄取不应再是单一的母乳了。添加泥糊状食物，可以让母乳和食物的营养相互补充，使宝宝获取更全面的营养。

● **4~6个月宝宝应吃泥糊状食物**

4个月后的宝宝消化液分泌有限，且尚未出牙齿，胃肠道的消化功能也未发育完善，不可能吃成人类型的蔬菜。所以，添加的辅食应是泥糊状食物，如米糊、菜泥等，以免引起消化不良或腹泻。

7~9个月断奶餐：稠泥状至颗粒状食物

在7~9个月这个时期，宝宝的牙齿开始萌出，咀嚼食物的能力逐渐增强，在辅食中可加入少许蔬菜末、肉末等，并且辅食添加量可逐渐增加。

● **由泥糊状食物改为碎食**

经过前一段时间的尝试，多数宝宝已渐渐适应和接受南瓜泥、米粉糊等泥糊状食品，食量日益增加，慢慢能替代一顿奶。而随着乳牙的萌出，可渐渐地过渡为半固体食物，可喂些米粥、面片、面条，并加些碎菜、肉末等。

● **增加辅食量不宜过快**

添加辅食过程中，家长常犯的错误是缺乏耐心，开始还会注意控制宝宝食量，不久就恨不得宝宝一气儿吃上一小碗。结果让孩子对吃辅食失去兴趣，使辅食变成一种负担和压力。要知道宝宝每天需要的营养量不会在几天内剧增，所以家长不要急着增加辅食量，也不要纵容宝宝贪吃，以免引起消化不良。

Tips 父母喂断奶餐要有耐心，不可训斥、惊吓宝宝，也不可用食物来奖惩宝宝，应该借助进食建立良好的亲子关系。

翟桂荣每日指导·断奶餐

10~12个月断奶餐：颗粒状至碎块状食物

10~12个月宝宝可给一些酥软的手指状食物，锻炼咀嚼和抓握感。当宝宝对添加的食物做出古怪表情时，妈妈一定要耐心，一般需接触10次以上，宝宝才能接受。尽量让宝宝接触多种口味的食物，只有这样他们才更愿意接受新食物。

● **辅食逐步变为主食**

宝宝可以吃软饭、烂菜（指煮得烂一些的菜）、水果丁、碎肉、面条、馄饨、小饺子、小蛋糕、蔬菜薄饼、燕麦片粥等，辅食逐步取代母乳或配方奶，最终辅食变为主食。如果宝宝吃得顺利，可少喂1次奶。

13~18个月断奶餐：碎块状至软硬适度的固体食物

宝宝出生之后是以乳类为主食，经过1年的时间要逐渐过渡到丰富的断奶食品，一定要跟得上宝宝的营养需求。1岁的宝宝可以吃软饭、面条、小包子、小饺子了。这时候，妈妈应该注意每天三餐要变换花样，以促进宝宝食欲。

● **不妨让宝宝吃点硬食**

一岁多的宝宝，一般已有8颗左右的乳牙，咀嚼和消化能力进一步增强。当宝宝能接受碎块状的食物后，父母就应该适当地给宝宝吃些较硬的固体食物，这样对宝宝的营养和吸收都有好处。

此时适当给宝宝吃一些有一定硬度的食物，如馒头片、干面包等，但这些食物不要给宝宝当正餐，可以在两餐之间适当给宝宝吃点，一是让宝宝磨磨牙床，增强咀嚼能力；二是给宝宝增加一点品尝食物的乐趣；三是作为宝宝的一种饮食补充。

第三节 断奶餐喂养原则

不要从菜汁、果汁开始添加

宝宝辅食的添加应以婴儿米粉开始，开始每天喂1次，当宝宝接受后可以改为每天2次，在喂母乳或配方奶前添加。适应（无过敏、便秘、腹泻等）米粉2周后，可再加菜泥。

第一辅食最好是婴儿营养米粉。菜汁，特别是煮菜汁，并没有多少营养；果汁也没有超越果泥的营养价值。菜汁、果汁还有可能干扰宝宝正常喝水，对口腔护理也不利。

断奶餐要少糖、无盐、原味

给宝宝做断奶餐的时候要少加糖，不加盐，其他调味品也不宜使用，尽量保持食物的原味。

● **少加糖**

宝宝天生就喜欢甜味，如果总给宝宝吃甜食，容易造成爱吃甜食的毛病，而吃太多的甜食，会造成宝宝龋齿和小儿肥胖，严重的还可能造成低龄糖尿病，影响宝宝的骨骼发育。

● **不加盐**

1岁内的宝宝每天需要的盐很少，母乳和配方奶已经基本满足需求。即使1岁以后，宝宝对盐的需求也很少，所以给宝宝做断奶餐时，1岁前一般不加盐，1岁以后也一定要少加盐，以免影响宝宝以后的饮食习惯，也对健康不利。

● **少用其他调味料**

有些调味料添加了较多的添加剂，对宝宝的健康不利。而且调味料会加重宝宝消化系统的负担，养成宝宝口味过重的习惯，使宝宝形成不良的饮食习惯。

Tips 妈妈不用担心不放调料，宝宝吃得没有味道而影响食欲，因为宝宝味觉很灵敏，食材的原味就足以让宝宝感到新奇，会吃得津津有味。

断奶餐食材添加宜从一样到多样

有些家长太着急，辅食加得太快，今天加一种，明天又加一种，看宝宝爱吃就一下子喂很多，结果造成宝宝消化不良。

正确的方法是遵循这几个原则：由少到多、由稀到稠、由细到粗、由一种到多种。添加辅食不要过快，一种食物添加后要适应一周左右，再添加另一种食物。不要在同一时间内加添多种食物。

1岁内断奶餐是辅助食品，奶才是主食

宝宝的断奶餐又叫辅食，其含义并不仅仅指宝宝断奶时所用的食品，而是指从单一的乳制品喂养到完全"断奶"这一阶段所添加的过渡食品。对于1岁以内的宝宝来说，主要食品应该以母乳或配方奶为主，其他食品只能作为一种补充。之所以叫辅食，也是这个道理。

保证断奶餐搭配的合理性

一般，辅食最简单的配方只含一两种食物，如米粉糊、粥类加一种肉类，称之为基本混合膳食。但最好能增加一些其他食物以供给宝宝多种营养素，使之成为更完善而均衡的饮食。这种多种混合膳食一般含以下几类：

1. 一种富含碳水化合物的主食作为主要的成分，最好用谷类粥等。

2. 一种富含蛋白质的辅助食品，可用富含动物或植物蛋白的食物，如奶类、肉类、鱼、蛋、豆类等。

3. 一种含矿物质和维生素的辅助食品，如适合宝宝月龄的蔬菜和水果。

CHAPTER

1

断奶餐喂养的基础知识

厨房常见工具

下面这些厨房里常见的工具，可以帮助妈妈轻松地为宝宝制作美味食物。

● **菜板**

最好给宝宝用专用菜板制作辅食，要常洗、常消毒。最简单的消毒方法是开水烫，也可以选择日晒。

● **刀具**

给宝宝做辅食用的刀最好专用，并且生熟食所用刀具分开。每次做辅食前后都要将刀洗净、擦干。

● **刨丝器、擦板**

刨丝器是做丝、泥类食物必备的用具，一般的不锈钢擦子即可，每次使用后都要清洗干净并晾干。

● **削皮器**

可以很方便地削去水果的表皮，最好给宝宝专门准备一个，与平时家用的区分开，以保证卫生。

● **蒸锅**

蒸熟或蒸软食物用，蒸出来的食物口味鲜嫩、熟烂、容易消化、含油脂少，能在很大程度上保存营养素。

● **平底锅**

可以用来煎蛋、煎饼等。给宝宝制作断奶餐的量较少，选择较小的平底锅会更合适。

● **汤锅**

用来为宝宝煮汤，也可以用来烫熟食物。使用要点：可以使用小号的汤锅，既节能又方便。

● **汤匙**

可以用于研磨比较柔软的食材。在喂食宝宝糊状食物时，可选择狭长形的浅位设计汤匙，方便喂食；在喂食汤水时，可选择扁圆曲线设计的汤匙，锻炼宝宝用匙喝水的能力。

● **榨汁机**

可以用来榨汁，如榨黄瓜汁、胡萝卜汁等，只需在用完后过滤即可。最好选过滤网特别细，可以分离部件清洗的。

断奶餐专用制作工具

除了厨房里常见的一些工具，为了给宝宝提供更丰富的断奶餐，还会用到许多专用工具，可以帮助妈妈更方便地制作断奶餐。

● **计量器**

用来计算辅食的量。可以用一个事先量好重量和容积的小碗充当。使用小碗时要注意清洁，使用前先用开水烫一遍。

● **分蛋器**

宝宝刚开始加鸡蛋的时候只给加蛋黄，不加蛋清，这个时候一个分蛋器就可以轻松解决了。

● **研磨器**

用来将食物磨碎。制作泥糊状食物的时候少不了它。使用前后一定要清洗彻底。

● **研磨钵+研磨棒**

蔬菜除了上面提到的在滤网中过滤，妈妈还可以放在研磨钵中用研磨棒捣碎。

● **过滤器**

用来过滤食物渣滓，给宝宝制作果汁、菜汁的时候特别有用。网眼很细的不锈钢滤网或消过毒的纱布都可以。使用要点：使用前用开水烫一遍，使用后要清洗干净并晾干。

● **料理棒或料理机**

在做米糊的时候，通常会把米浸泡一晚上，再把米用料理棒打碎，这样只需要几分钟就能做好米糊。料理棒搭配不同的刀头，还可以打蛋和绞肉。料理棒比料理机更容易清理。

● **摩擦器**

在制作细碎食物时，这个用具能减轻妈妈的很多麻烦，可以有效研磨食物，如磨水果、熟土豆等。

● **粉磨机**

打碎食材，使杏仁、核桃仁等材料更方便制作。购买时，可选择小型的粉磨机，作为断奶餐的专用工具。

● **蔬果切割器**

能够将水果如梨、苹果等切割成小块，方便宝宝进食。

Tips 制作断奶餐的工具琳琅满目，妈妈要考虑自家厨房的大小、工具的方便性与使用频率，以及操作时间长短等方面，应该全方位考察，选择适合自己的工具。

第五节 断奶餐喂养技巧

掌握容易喂食的姿势

小宝宝手脚总喜欢乱动，喂东西时他可能会伸手碰翻小勺，或是脚一伸、头一纵，都会使喂食出现"事故"，所以应该尽量让其坐在专用餐椅上进行喂食。宝宝如果还坐不太稳，可以抱着他，让他背靠在妈妈怀里。另外，刚开始给宝宝喂食，宝宝还不懂张嘴吃，而喜欢用舌头往外顶。所以抱着宝宝时，最好让他斜靠着大人的胳膊，让他的头偏仰一些，便于帮助宝宝吞咽，然后拿勺喂食。

7个月以后，宝宝逐渐适应了添加断奶餐，也能坐稳了。这个时期的宝宝产生了独立意识，会喜欢自己抓着东西吃，甚至会去抢妈妈手里的勺子。妈妈可以给宝宝准备一个小勺子让他自己拿着，不但可以更顺利地完成辅食喂养，还能锻炼宝宝的抓握能力。

10个月以后，宝宝开始关注与吃有关的东西了，父母可以开始有意识地训练宝宝的进餐习惯，要让宝宝养成坐着吃饭的习惯，最好给宝宝准备他专用的饭桌和餐具，还可以让他跟父母一起用餐。

宝宝要有自己的专用餐椅

如果想培养宝宝良好的就餐习惯，一个很好的办法是尽可能让宝宝坐在专用餐椅上吃辅食。如果宝宝还不能好好地坐在餐椅上，那就让他坐在你的大腿上，只要保证宝宝坐直，能顺利吞咽就行了。

Tips 训练孩子的餐桌秩序感，该吃饭时就在进餐地点集中精力吃，吃饱了才可以离开餐桌去玩儿。这种好习惯一旦建立，对宝宝今后的生活和学习都有积极的意义。

用碗和勺子喂断奶餐

最好给宝宝准备一套专用餐具，可爱的小碗、小勺、小围嘴，不但能吸引宝宝的注意力，还与大人的餐具有所区分，干净又卫生，可谓一举多得。

● **宝宝的小勺**

喂断奶餐的第一步可以从勺子开始，妈妈可以先试着用勺子喂宝宝一些白开水，让他熟悉这种喂食方式，并学会吞咽。勺子要选择宝宝专用勺，大的勺子会让宝宝吃成"小花猫"，也不利于宝宝以后自己拿勺吃饭。1岁以内的宝宝，勺子材质最好是硅胶或木质的，不锈钢材质的勺子边缘比较犀利，容易碰伤宝宝的小牙齿。

● **宝宝的小碗**

目前市面上专为宝宝设计的餐具大多是由聚丙烯（PP）制成的塑料餐具。这种塑料餐具能承受的温度范围在 −20 ~ 120℃，在日常使用和消毒中不易发生老化，材质安全、轻便耐摔，也比不锈钢餐具更隔热，非常方便宝宝自己使用。

为宝宝选碗具，最好选择外形浑圆的，因为浑圆的餐具更实用，也不易让宝宝被餐具的棱角碰伤；而圆形餐具还可以避免宝宝在喝汤时发生渗漏。在选择碗具时，还要注意碗的手柄设计是否容易让宝宝握住，容易拿握的餐具更能激起宝宝吃饭的兴趣。为了让宝宝更有食欲，很多宝宝专用餐具都绘有可爱的卡通图案，要选择卡通图案在餐具外的小碗。

为防止宝宝把食物弄到衣服上，还要为宝宝准备围嘴、套袖和罩衣，来护住整个小身体，也方便妈妈在喂食后给宝宝清洗。

给宝宝创造一个安静的进餐环境

给宝宝添加辅食不仅仅为了补充营养，同时也是培养宝宝健康的进餐习惯和礼仪，促进宝宝正常的味觉发育，如果宝宝在接受辅食时心理受挫，会给他带来很多负面影响。

1. 给宝宝喂断奶餐时要创造一个安静、愉快的氛围，选在宝宝心情愉快和清醒的时候喂，当宝宝表示不愿吃时，不可采取强迫手段。

2. 进餐时周围不宜有任何干扰，开始可以抱着宝宝在单独的房间里喂食。随着宝宝的长大，可以让其坐在自己的小桌椅上进食。

3. 一边给宝宝喂食，可以一边讲现在吃的是什么，并同时给宝宝看，这样，可以引起宝宝的食欲。

4. 每次喂食时，父母要表现出很高兴的样子。遇到宝宝不愿吃时，父母应该先尝一口，并做出饭菜味道很鲜美的模样，然后让他也尝一口，慢慢引导他吃。

5. 家长自己不能有挑食的现象，要把吃饭当成一种享受和快乐，让宝宝受到感染并模仿。

6. 宝宝在生病或病后胃口不佳时，不要强迫他吃饭，应顺其自然。

让宝宝养成规律进餐的习惯

父母要帮助宝宝养成良好的进餐习惯，从不同阶段宝宝吃饭的特点，来慢慢引导培养宝宝吃饭的好习惯。

1. 喂食定时、定量。

2. 有固定的吃饭场所，并一次喂完，不要吃一点玩一会儿，过后又吃。

3. 要注意培养宝宝的卫生习惯，进餐前应先给宝宝洗净小手，戴上围嘴。

4. 随着宝宝的成长，要培养宝宝自己吃的好习惯，可以锻炼宝宝逐步适应并使用餐具，为以后独立用餐具做准备。

Tips 父母不要端着饭碗硬喂宝宝吃，不必强求。吃不吃饭，是宝宝自己的选择，要尊重宝宝。

2 断奶初期 （4～6个月）

男宝宝·
第4个月身高平均为64.6厘米，体重平均7.4千克；
第5个月身高平均为66.7厘米，体重平均8.0千克；
第6个月身高平均为68.4厘米，体重平均8.4千克。

女宝宝·
第4个月身高平均为63.1厘米，体重平均6.8千克；
第5个月身高平均为65.2厘米，体重平均7.4千克；
第6个月身高平均为66.8厘米，体重平均7.8千克。

第一节 断奶餐喂养须知

尝试给宝宝添加第一顿断奶餐

第一次添加断奶餐对宝宝非常重要，因此建议挑选最方便的时间，比如上午10点左右。一来，宝宝已经睡了一觉，心情比较好；二来，离午餐还有段时间，这样有充分的时间和耐心来进行第一次断奶餐的尝试。

而喂养之前需要做好准备，营造安静、愉快的气氛；提前准备好宝宝今天要吃的断奶餐；安置好宝宝，给他戴上围嘴，面带微笑喂给宝宝吃。

喂完辅食后别忘了让宝宝喝几口水，以预防龋齿。

宝宝断奶餐要注重补铁

在宝宝出生的最初几个月里，都是食用母乳或配方奶，基本可以满足宝宝所需的全部营养和水分。然而当宝宝6个月大时，这样的饮食无法满足宝宝对铁的需求。宝宝体内储存的铁元素开始不断减少，父母必须给宝宝引入富含铁元素的食物以此来补充宝宝体内每天减少的铁元素。

婴儿米粉、鱼、禽畜肉、动物血等都是非常好的铁元素来源，且容易被身体吸收利用。所以在给宝宝添加断奶餐时，要有意识地添加一些富含铁元素的食品。

断奶餐喂养初期不宜减少奶量

初加断奶餐，首要目的是让宝宝习惯于吃乳品以外的食物，适应不同口感和口味，起初宝宝肯吃一两口就是成功，应给予鼓励。而此时母乳和配方奶仍是宝宝不可缺少的主食，应保证每天600毫升的奶量，对爱吃断奶餐而拒绝乳品的宝宝，要先喂完奶后再喂辅食。

早期断奶餐以婴儿米粉为主，其他为辅

在宝宝满4个月以后，如果情况需要，可为宝宝尝试添加断奶餐。断奶餐种类有很多，一开始添加断奶餐应该选择婴儿米粉。因为米粉细腻，也不含易致敏的成分，且富含铁，非常适合宝宝稚嫩的肠胃。所以，添加断奶餐应从婴儿米粉开始，等宝宝适应米粉以后，再添加一些其他的辅食。

不要用奶瓶喂断奶餐

断奶餐主要是为彻底断奶做准备。断奶的意义是逐渐由纯液体变成固体、由奶水变成多元化食品、由吸吮变成咬嚼、由奶瓶变成汤匙筷子。用奶瓶喂食米糊、胡萝卜汁等断奶餐，首先失去了添加断奶餐的意义——锻炼宝宝的吞咽能力，让宝宝习惯正常的饮食方式；其次，容易引起宝宝呛咳，有时因为要用力而可能造成吸入性肺炎；使用奶瓶喂食不容易控制宝宝的食量，容易进食太多；如果长期以奶瓶喂食断奶餐，会让宝宝无法戒掉用奶瓶的习惯。

添加断奶餐后要注意宝宝口腔清洁

俗话说病从口入，宝宝还小，没长牙、没学会刷牙漱口前都需要妈妈帮助其清洁口腔，这样才能保持口腔卫生，不容易生病。特别是宝宝加了断奶餐后，妈妈可以给宝宝多喝白开水，这样可以清洁口腔。但妈妈不要因为宝宝不喜欢喝而在白开水里加糖或者蜂蜜，可以多次、反复诱导。

Tips 牙齿的健康需要均衡的营养素以及良好的卫生习惯。养成宝宝多吃蔬菜、多喝水、少吃含糖食物的饮食习惯，平时做到饭前便后洗手、擦手，饭后漱口。

添加断奶餐要注意补水

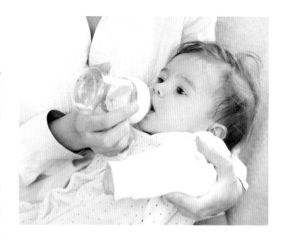

如果宝宝在加断奶餐前是纯母乳喂养，基本就不需要额外喝水。但当宝宝开始接受除母乳外的食物时，妈妈就需要酌情给宝宝喂水了。

● 白开水理想又安全

给宝宝喂水，首先应选择白开水，符合卫生要求的白开水给宝宝喝是最理想的。水温在35～40℃，天冷时喝温水，天热时喝凉白开。不要给宝宝喝冰水，冰水会对胃黏膜造成强烈刺激。

● 自制果蔬汁丰富饮水品种

在这个时期可以适当添加一些自制的果蔬汁。选用新鲜的果蔬，但一次只要一种就好，而且要现做现喝，在制作果蔬汁的过程中，还要注意清洁卫生。

若要小儿安，三分饥与寒

添加断奶餐后，父母必须克服老觉得宝宝不饱、营养不够的心理，确定宝宝饿才加喂。现实中宝宝过度喂养居多，而不是营养不足。对宝宝来说，适当饿一点是有好处的，中医认为"若要小儿安，三分饥与寒"，这是我国人民在长期生活实践中积累下来的宝贵经验，是婴儿保健安康的名言。如果宝宝患了积食症，适当饿他两天就能好转，不会出问题，父母不用心疼和不安。

如何让宝宝爱上断奶餐

宝宝出生后习惯喝奶，尤其是母乳喂养的宝宝，可能不愿意吃断奶餐。当宝宝不喜欢吃的时候，家长不要着急。现阶段不要求吃多少而是让宝宝喜欢吃。可以在宝宝情绪好的时候或饥饿时先喂几口断奶餐，然后再喂奶；或在大人吃饭的时候抱他参观，这样可以馋馋他，刺激他的食欲；当宝宝能吃两口时就及时表扬和称赞，不吃不要勉强，别让他对吃断奶餐有压力。

注意观察肤色以保证宝宝营养

添加断奶餐后应注意观察宝宝的皮肤颜色、光泽等。宝宝的面颊、背部、腹部、胳膊、大腿内侧都含有一定厚度的皮下脂肪。

1. 当宝宝发生营养不良时，皮下脂肪层会减少，其消减的次序首先是腹部，其次是躯干、四肢，最后是面颊部。

2. 如果宝宝发生了贫血，面色、指甲、眼睑都会苍白。

3. 有的宝宝皮肤上还会出现疙瘩或湿疹，这往往是消化不良或对某种食物过敏引起的。

学会观察大便以调整断奶餐

刚开始添加辅食时，妈妈要根据宝宝的消化情况来改进辅食的制作和喂食的方式。那么，如何判断宝宝对辅食的消化情况呢？那就是观察宝宝的大便。

1. 喂母乳的宝宝，其大便的颜色呈金黄色、质软；喂配方奶的宝宝，大便呈浅黄色、发干。

2. 如果大便臭味很重，说明对蛋白质消化不良。

3. 如果大便中有奶瓣，是未消化完全的脂肪与钙或镁化合而成的皂块。

4. 如果大便发散、不成形，就要考虑是否辅食量加多了或辅食不够软烂，影响了消化吸收。

5. 如果大便很干，可以适当增加蔬果等富含膳食纤维的食物，平时多补水。

此外，要注意大便的颜色，如果给宝宝吃了绿叶蔬菜，大便可能有些发绿；如果给宝宝吃了番茄、胡萝卜等，大便有可能会发红。这些都是正常的代谢反应，爸爸妈妈不必过于担心。

当宝宝进食新食物时，大便颜色、性状发生改变是很常见的。但是，如果宝宝在添加辅食后大便稀薄如水或次数过多，可能是胃肠的消化能力不足所引起，应暂停加辅食，一两天后，宝宝状况较好再加。

第二节 断奶餐食谱推荐

适合4个月以上宝宝食用

番茄汁

🥄 材料

番茄1个。

🍴 做法

1. 番茄洗净，用开水烫软，去皮切碎。
2. 用清洁的双层纱布将番茄碎包好，将番茄汁挤入小碗内。
3. 加入适量温水冲调匀后即可给宝宝饮用。

🍽 营养功效

本品酸甜可口，富含维生素C及胡萝卜素，适合4个月以上的宝宝饮用。

👩 巧手妈妈

洗净番茄后，在顶部用刀划一个十字，在开水里烫一下，可更方便地去掉番茄皮。

适合4个月以上宝宝食用

苹果汁

🥄 材料

苹果1/2个。

🍴 做法

1. 苹果洗净，去皮、去核，切小块。
2. 将苹果块放入电动搅拌机内，加入适量凉白开，启动机器2分钟即可。
3. 用纱布将果汁过滤后即可给宝宝喝。

🍽 营养功效

苹果营养丰富，可以补充宝宝在发育中需要的维生素、铁、锌等多种物质，还可以开胃消食。

👩 巧手妈妈

如果妈妈掌握不好加水量，只要将水没过苹果即可，这样做出的苹果汁不会发黑。

翟桂荣每日指导·断奶餐

适合
4 个月以上
宝宝食用

适合
4 个月以上
宝宝食用

鲜桃汁

材料

鲜桃1/2个。

做法

1. 桃子洗净，去皮、去核，切小块。
2. 将桃子块放入电动搅拌机内，并加入适量温水，开动机器2分钟即可。
3. 用纱布将果汁过滤后即可给宝宝喝。

营养功效

桃子含有蛋白质、碳水化合物、钙、磷、铁、B族维生素、维生素C等成分，而其中铁的含量较高，故桃汁可以补血益气、养阴生津、润肠通便。

 巧手妈妈

桃子本身很软，刚开始可以给宝宝做成汁，如果宝宝食后一切正常，可以直接用勺子刮桃泥给宝宝吃。

梨汁

材料

梨1/2个。

做法

1. 梨洗净，去皮、核，切小块，放进研磨钵里捣碎。
2. 将梨碎放进锅内，加约为梨2倍的清水，用小火煮开即关火。
3. 凉温后用纱布过滤后给宝宝饮用。

营养功效

梨汁能促进宝宝食欲，帮助消化，并有利尿通便和解热作用，并可以清肺润燥。

 巧手妈妈

梨性凉，加热后虽然可以止咳，但如果宝宝是风寒咳嗽、腹部冷痛、脾虚便溏时不适合喝梨汁。

适合
4个月以上
宝宝食用

适合
4个月以上
宝宝食用

米汤

材料

大米20克。

做法

1. 大米淘洗干净。
2. 锅内放水，烧开，放入大米，煮开后改小火。
3. 熬煮至米烂汤稠，取上层米汤，待稍凉喂给宝宝即可。

营养功效

本品具有补充碳水化合物、钙、磷、铁的作用。

挂面汤

材料

挂面30克。

做法

1. 将挂面尽量压碎。
2. 锅中放入适量清水，水开后下入碎挂面，中火煮约15分钟，并将碎面搅打成糊。
3. 将面汤过滤后凉温即可给宝宝喂食。

营养功效

挂面汤富含蛋白质、碳水化合物，易于消化吸收，有增强免疫力、补血强体的功效。

 巧手妈妈

大米在淘洗过程中很容易导致营养素流失，淘米次数不宜过多，也不宜用水反复搓洗。

 巧手妈妈

不要买那种散装的挂面，最好选择婴儿挂面或手擀挂面，以免摄入过多盐分。

米粉糊

🫛 材料

婴儿米粉20克。

🥄 做法

1. 将适量米粉放入碗中，按照说明加入温度适宜的开水，一般是60~80℃。
2. 用勺子或者搅拌棒充分搅拌，搅拌成均匀、细腻的糊状。
3. 用勺子舀起，稍侧勺子，看米粉浓稠度，根据宝宝接受能力再适当调稀或者加浓。凉温喂食。

🍴 营养功效

此品营养丰富，易于消化吸收，还可补充铁质。

巧手妈妈

在初期，只给宝宝喂纯米粉，以后可以调入宝宝已经接受的食物，比如番茄汁、土豆泥等，使味道更丰富。

大米糊

🫛 材料

大米20克。

🥄 做法

1. 大米淘洗干净，略浸泡。
2. 将大米滤掉水倒入研磨砵，顺、逆时针交替碾磨，将米磨出米浆，磨的过程如米浆变干，可加入几滴清水，重复以上程序直至米浆用手指捏感觉细滑即可。
3. 将米浆加入适量清水调稀，放入奶锅，用小火煮，并用勺不停搅拌，待米浆变成透明胶状即可起锅。

🍴 营养功效

大米健脾和胃，易于宝宝消化，且不易致敏，是宝宝理想的断奶餐食品。

巧手妈妈

大米糊是非常适合宝宝的断奶食物，而随着宝宝的成长，为增加米糊的营养和口感，可以添加一些蔬菜、水果、豆类等食材。

适合5个月以上宝宝食用

芹菜汁

材料

芹菜50克。

做法

1. 芹菜洗净，切成小丁。
2. 小奶锅置于火上，放入适量清水，水烧开后倒入芹菜丁，继续煮2分钟左右关火。
3. 待芹菜水稍凉后，用纱布过滤即可给宝宝饮用。

营养功效

芹菜富含维生素、矿物质等，可以增强宝宝免疫力，还能缓解便秘。

巧手妈妈

如果宝宝不喜欢芹菜的味道，可以添加一些其他的果蔬，比如黄瓜、番茄，不仅营养丰富，还可以帮助芹菜中铁的吸收。

适合5个月以上宝宝食用

黄瓜汁

材料

黄瓜1/2根。

做法

1. 黄瓜洗净，去皮，切碎。
2. 用清洁的双层纱布将黄瓜碎包住，把黄瓜汁挤到小碗里。
3. 在黄瓜汁里按1∶1加入温水，调匀后即可给宝宝饮用了。

营养功效

黄瓜中含有黄瓜酶，能促进宝宝机体的新陈代谢；黄瓜还具有清热解渴、利尿解毒的功效，对宝宝健康十分有利。

巧手妈妈

黄瓜汁营养丰富，但如果宝宝肠胃不好，正在腹泻期间不可以饮用。

适合
5个月以上
宝宝食用

南瓜汁

材料

南瓜50克。

做法

1. 将南瓜洗净，去皮、去子，切薄片。
2. 将南瓜片装入碗内，放入蒸锅中上火蒸15～20分钟，关火。
3. 将蒸熟的南瓜放入料理机中，加入适量凉白开搅打成汁，过滤后即可给宝宝饮用。

营养功效

南瓜含有丰富的胡萝卜素和维生素C，可以健脾和胃、强筋健骨，对预防宝宝佝偻病非常有效果。

巧手妈妈

妈妈可以选择皮厚的南瓜，这种南瓜软糯，味道更佳。

适合
5个月以上
宝宝食用

玉米汁

材料

甜玉米1根。

做法

1. 将玉米洗净，煮熟，凉凉后把玉米粒掰到器皿里。
2. 按照1：2的比例，将玉米粒和温水一起放到榨汁机里榨汁，过滤后即可给宝宝喝。

营养功效

玉米含有碳水化合物、蛋白质、脂肪、胡萝卜素、维生素B₂、锌等多种营养素，对宝宝的身体发育很有好处。

巧手妈妈

为了方便掰玉米粒，可以把煮熟的玉米头尾去掉，用小刀先去掉一列玉米，剩下的就可以很容易剥下来了。

CHAPTER

2

断奶初期（4～6个月）

红枣汁

适合
5个月以上
宝宝食用

材料
红枣10枚。

做法
1. 红枣洗净，浸泡1小时，捞出，去核，放入碗中，加水没过红枣。
2. 将碗放在蒸锅内隔水蒸煮，水开后再蒸约20分钟，关火。
3. 将红枣水过滤后，放温即可给宝宝喝了。

营养功效
红枣补脾、养血、安神，对气虚贫血的宝宝尤其适合。

巧手妈妈
如果蒸制出的红枣水太甜了，妈妈可以加适量温水后再给宝宝喝，不要让他喝太甜的红枣水。

橘子汁

适合
5个月以上
宝宝食用

材料
橘子1/2个。

做法
1. 橘子剥皮，去子，取橘子肉。
2. 将橘子肉用汤匙捣碎。
3. 将橘子肉放到纱布里挤出汁液，并加入适量温水调匀即可。

营养功效
橘子中含有丰富的维生素C，还含有多种对人体有益的物质，是宝宝补充营养，特别是补充膳食纤维和维生素C的理想食品。

巧手妈妈
此品最好在两餐奶之间喂给宝宝喝，避免果酸与奶类反应产生凝块，不利于消化吸收。

苹果泥

材料
苹果1/2个。

做法
1. 苹果洗净，去皮、去核，切成碎丁，放在碗里。
2. 往碗里加入凉白开没过苹果碎，上笼蒸20~30分钟，待稍凉后用勺子碾成苹果泥即可喂食。

营养功效
本品具有较好的补血、开胃、排毒作用，适合脾胃不舒的宝宝。

适合5个月以上宝宝食用

巧手妈妈
也可以直接用勺子从苹果上刮泥给宝宝吃，但要注意勺子的卫生。

小米糊

材料
小米20克。

做法
1. 小米淘洗干净，浸泡15分钟。
2. 将小米倒入料理机中，加少许水，搅拌成细腻的米浆。
3. 将小米浆倒入奶锅中，加入约小米浆8倍的水，用小火煮，并用勺不停搅拌，至米浆沸腾后搅拌速度加快点，约2分钟关火。
4. 加入适量温水，调匀后即可给宝宝喂食。

营养功效
小米糊促进消化，健脾胃，还可补充B族维生素。

适合5个月以上宝宝食用

巧手妈妈
当宝宝6个月以后，妈妈就可以直接熬小米粥给宝宝喝了，为了增加营养，可以加一些蔬菜等食材。

适合
5 个月以上
宝宝食用

胡萝卜糊

材料

胡萝卜1/2根。

做法

1. 胡萝卜洗净，去皮，切片。
2. 将胡萝卜片放蒸锅内码匀，蒸到能用筷子穿透即可。
3. 将胡萝卜片取出来，盛碗中，用勺子捣碎。
4. 将胡萝卜碎放入滤网，用硬勺挤压过滤，即成胡萝卜糊。

营养功效

胡萝卜有很好的健脾消食作用，可用于辅治宝宝营养不良、肠胃不适；另外胡萝卜素有助于增强宝宝免疫力。

巧手妈妈

做好的胡萝卜糊第一次给宝宝吃可用水冲稀，或加入米粉中喂食。

适合
5 个月以上
宝宝食用

油菜米粉糊

材料

小油菜20克，婴儿米粉40克。

做法

1. 小油菜洗净，切碎，放入沸水中煮约3分钟后关火。
2. 将油菜汤滤出，加入婴儿米粉中搅匀即可。

营养功效

此品含有丰富的蛋白质、碳水化合物及维生素C等多种营养素，易于消化，是宝宝很好的辅助食品。

巧手妈妈

也可以用料理机或研磨碗将油菜碾磨成泥，然后加到米粉中，但一定要过滤，不要有菜渣。

白萝卜汁

🥄 材料
白萝卜50克。

🥄 做法
1. 白萝卜洗净，去皮，切片。
2. 将白萝卜片放入锅里，加适量清水，开锅后转小火煮15分钟左右。
3. 滤渣后喂给宝宝即可。

🍴 营养功效
白萝卜富含钙、水分，有止咳化痰、清热降火的效果，还可以增强宝宝免疫力。

适合
6个月以上
宝宝食用

👩 巧手妈妈
妈妈在挑选萝卜时不要选择带苦味的萝卜，为增加口感，在煮萝卜的时候还可以加入几片梨。

苹果胡萝卜汁

🥄 材料
胡萝卜、苹果各30克。

🥄 做法
1. 胡萝卜洗净，去皮，切丁；苹果洗净，去皮、去核，切丁；将胡萝卜、苹果放入锅内，加适量清水煮10分钟。
2. 将胡萝卜、苹果连同煮的水一起放入豆浆机中，接通电源，按下"果蔬汁"启动键，搅打均匀过滤后倒入碗中即可。

🍴 营养功效
苹果胡萝卜汁含有丰富的锌和胡萝卜素，对促进婴幼儿生长发育及维持正常视力具有十分重要的作用。

适合
6个月以上
宝宝食用

👩 巧手妈妈
苹果也可以不煮，生苹果处理好后直接与煮过的胡萝卜一起榨成汁也是可以的。

葡萄汁

适合
6个月以上
宝宝食用

材料
葡萄4颗。

做法
1. 葡萄洗净，放到碗里，用开水浸泡2分钟后，取出葡萄，去掉果皮和子。
2. 将葡萄放进研磨碗里，用研磨棒捣碎。
3. 用细纱布过滤出葡萄汁，再以1∶1的方式兑温水给宝宝喂食即可。

营养功效
葡萄汁富含铁元素，对缺铁的宝宝尤其适合。

巧手妈妈
在清洗葡萄的时候可以撒些面粉，面粉可以帮助洗掉果皮缝隙间的脏东西。

山楂水

适合
6个月以上
宝宝食用

材料
新鲜山楂3颗。

做法
1. 将山楂洗净，去核，切成薄片。
2. 将山楂片放到小奶锅里，加入适量开水，盖上盖闷10分钟，至水温下降到微温时，将山楂水过滤即可。

营养功效
宝宝的消化功能还比较弱，容易积食，而山楂有开胃消食的功效，喝点山楂水可以让宝宝胃口好。

巧手妈妈
过熟的或存放时间过长的山楂，外皮皱缩、颜色晦暗、叶梗枯萎干瘪，不宜给宝宝吃。

翟桂荣每日指导·断奶餐

适合
6个月以上
宝宝食用

雪梨莲藕汁

🥕 材料

雪梨、莲藕各30克。

🥄 做法

1. 雪梨洗净，去皮、去核，切小块；莲藕洗净，去皮，切小块。
2. 将雪梨、莲藕放入奶锅里，倒入适量清水，用中大火煮开后关火，闷10分钟左右。
3. 将奶锅里所有食材连汤一起放入豆浆机中，接通电源，按下"果蔬汁"键，搅打均匀过滤出汁即可。

🍴 营养功效

此品富含多种营养素，有润肺化痰、健脾开胃、增进食欲、促进消化、增强宝宝免疫力的作用。

👩 巧手妈妈

榨汁的莲藕要选择中间的通气孔大的，因为通气孔大的莲藕比较多汁。

适合
6个月以上
宝宝食用

蛋黄泥

🥕 材料

鸡蛋1个。

🥄 做法

1. 将鸡蛋放入锅中，加入适量清水，中火烧开后续煮约5分钟，关火，再闷5分钟。
2. 将鸡蛋捞出，放凉水里泡一下，剥去蛋壳，去掉蛋清。
3. 取出约1/4的蛋黄，用汤匙压碎，加少量开水，调成泥状即可。

🍴 营养功效

鸡蛋黄含有宝宝需要的各种营养素，而且比较容易消化。

👩 巧手妈妈

不要用开水煮鸡蛋，而且煮鸡蛋前将鸡蛋在常温的水里浸泡10分钟左右再煮，鸡蛋不易破。

适合
6个月以上
宝宝食用

适合
6个月以上
宝宝食用

鸡肝泥

🫛 材料

鸡肝50克。

🥄 做法

1. 鸡肝按常法收拾干净，下入凉水锅，煮至熟透。
2. 将鸡肝捞出，掰成小块，用勺子压碎。
3. 用滤网将鸡肝碎碾磨成细细的鸡肝泥，如果太干，可以加温水调匀后给宝宝吃。

🍴 营养功效

鸡肝富含铁，是常见的补血食物，还含有丰富的维生素A和维生素B$_2$，有维持正常生长的作用，能增强宝宝的抵抗能力。

山药苹果泥

🫛 材料

山药50克，苹果30克。

🥄 做法

1. 山药洗净，去皮，切块；苹果洗净，去皮、去核，切块。
2. 将山药和苹果上锅蒸熟。
3. 将蒸熟的山药和苹果放在料理机里搅打成糊即可。也可将蒸好的食材放在小碗里直接碾压成糊。

🍴 营养功效

山药健脾益气，增强消化功能，促进食欲；苹果富含维生素等多种营养。这款蔬果泥能增强宝宝免疫力，并且易于消化吸收。

 巧手妈妈

除了鸡肝，妈妈也可以选用猪肝来做肝泥。

 巧手妈妈

山药要选择须毛多一些的，须毛越多的山药口感越面。

适合
6个月以上
宝宝食用

适合
6个月以上
宝宝食用

香蕉蛋黄糊

🥄 材料

香蕉1/2根，熟蛋黄1/4个，胡萝卜
1/2根。

🥄 做法

1. 将香蕉去皮，用汤勺碾压成泥；胡萝卜洗净，去皮，切块，蒸熟后碾压成泥；将熟蛋黄碾压成泥。
2. 将蛋黄泥、香蕉泥、胡萝卜泥混合，用适量温水调成糊，放在奶锅中煮开即可。

🍴 营养功效

此品对促进宝宝大脑和神经系统的发育尤其有好处。

 巧手妈妈

为防止粘锅，煮糊的时候火要小，并要经常用勺子搅动。

藕粉糊

🥄 材料

藕粉20克。

🥄 做法

1. 将藕粉用凉白开调成糊状。
2. 锅内放水烧开，放入藕粉糊，小火煮，并不断搅动，直至成透明的糊状即可。

🍴 营养功效

此品具有补充碳水化合物、钙、磷、铁的作用。

 巧手妈妈

藕粉很容易煳锅，所以在做的时候火不能大，而且要不停搅动。

第三节 新手妈妈问答

Q 哪些食物可能导致宝宝过敏？

A 一般来说容易引起宝宝过敏的食物有以下几类：

食物特点	举例
蛋奶类	牛奶、鸡蛋等
海产类	鱼、虾、蟹、贝等
气味特殊	葱、蒜、韭菜、香菜、洋葱、羊肉等
刺激性比较大	辣椒、胡椒、芥末、姜等
蔬果类	番茄、木瓜、芒果、菠萝、柿子等
坚果种子类	豆类、花生、芝麻等

Q 添加断奶餐时怎么预防宝宝过敏？

A 发生过敏是免疫系统对外来物质的一种过度反应，只要喂养中注意预防，一旦过敏马上处理，基本不会有什么严重后果。

为预防过敏，家长一定要严格遵守辅食添加的原则：先加谷类，其次是蔬菜和水果，然后再是肉类；添加时由少到多、由稀到稠、由细到粗、由一种到多种，在宝宝健康、消化功能正常时进行；一次以一种食物为限，约一周后再给予另一种新食物，若宝宝对食物排斥，可先试着喂食3~5天，之后如还不能接受，再换其他同类食物。

辅食一种一种添加，可以在发生过敏现象时帮助确定致敏物。如果明确了过敏食物，此后最少在3个月内不要再食用这种食物。3个月以后再尝试，如仍然有过敏现象，就再隔3个月再做尝试。

有过敏现象出现，可以用同类食物的其他食材进行替代。另外，选购宝宝食品时要注意看说明。一般正规商品都会标注致敏信息，如牛奶、鸡蛋、花生、芝麻、芒果、麦麸等。

Tips 过敏跟遗传有一定的关系，父母本身接受不了的食物不要给宝宝过早尝试。

Q 为什么不能给宝宝喂食蜂蜜？

 1岁以内的宝宝不能喂食蜂蜜，因为蜂蜜在酿造、运输与储存的过程中，常受到肉毒杆菌的污染。而宝宝的抗病能力差，肉毒杆菌如果进入宝宝体内会使宝宝中毒。另外，有报道说过早喂食蜂蜜，可能导致宝宝性早熟。因此，1岁之前最好不要给宝宝添加蜂蜜。

Tips 和蜂蜜比起来，用新鲜的蔬果汁给宝宝断奶餐调味更安全，也可补充多种营养，丰富食物品种。

Q 宝宝不爱吃断奶餐怎么办？

 到了加断奶餐的时候，宝宝却闭着嘴不肯吃，或者是喂到嘴里又吐出来。这是什么原因呢？

如果宝宝闭着嘴坚决不肯吃，说明他还没准备好接受断奶餐，可以想办法勾起他的食欲，随着宝宝自身的成熟，总有一天会接受断奶餐的。

喂进去又吐出来，则有可能是因为对断奶餐陌生，多喂几次就能接受了。另外，也有可能是宝宝还不会用舌头卷起食物，控制不住食物。这在几次练习之后就可以改观，初期喂食尽量放在口腔靠里面一点，便于宝宝吞咽下去。

宝宝不肯吃断奶餐时，还要看看是否断奶餐做得不符合宝宝的发育情况，比如食物是否有点硬、是否有点烫、是否味道太浓等。

如果母乳喂养的宝宝对断奶餐不感兴趣，可尝试让妈妈以外的人喂食。

宝宝不肯吃断奶餐时，切不可勉强，可以让宝宝先饿一饿，更利于断奶餐的喂食。不过要掌握分寸，有时饿极了，宝宝除了奶什么都不肯吃了。

Tips 喂断奶餐的时候，家长不要因为宝宝吃得不多而失落。辅食添加初期，宝宝需要有个适应过程，只要宝宝不过分抵触，就是成功的开始。

Q 宝宝已经6个月了，还不接受断奶餐怎么办？

A 新手父母不用过分担心。虽然6个月以后的母乳质量会有所下降，但母乳或配方奶依然是宝宝最好的食物，可以继续喂养。

宝宝接受辅食需要一个过程，要坚持多喂几次宝宝才会逐渐接受。下面推荐一份6个月宝宝的一日食谱，供妈妈参考。

早晨6点：母乳（或配方奶）。

上午9点：米粉或蛋黄。

中午12点：母乳（或配方奶）。

下午3点：水果泥或果汁。

下午5点：烂粥半碗并加少许菜泥。

晚上8点：母乳（或配方奶）。

晚上11点：母乳（或配方奶）。

Q 宝宝很爱吃断奶餐，可以多喂一些吗？

A 4～6个月的宝宝饮食仍以母乳（或配方奶）为主，断奶餐的添加应以尝试吃为主要目的。添加的量从少量开始，即从1～2勺开始，以后逐步增加。主要提供流质及泥糊状食品。

因为这个阶段宝宝的消化系统发育还不完善，对奶中蛋白质的吸收相对较高，这对宝宝生长发育有利。如果这时给宝宝吃过多的辅食，如粥、米糊、菜泥等，宝宝也许会虚胖，但长得不结实。若是断奶餐的品种数量不太合适，里面的营养素不能满足宝宝成长发育的需要，如缺铁、缺锌，就会造成宝宝贫血、食欲不好。

Tips 最好给宝宝添加专门为其制作的断奶餐食品，即不要只是简单地把大人的饭做得软烂一些给宝宝食用，辅食的烹调一定要适合宝宝的消化特点，过早吃不能消化的食物会造成宝宝营养不够，伤及宝宝的消化系统。

Q 选择市售婴儿米粉还是家庭自制米粉？

A 香甜可口的米粉是宝宝迈入断奶餐的第一关，也是妈妈满怀爱意送给宝宝的完美第一餐。婴儿米粉是指通过现代加工工艺，以大米为主要原料，以蔬菜、水果、肉类、蛋类等为选择性配料，并适量加入有益婴儿发育成长的钙、磷、铁、蛋白质、维生素等多种营养素，混合加工而成的婴儿辅助食品。

如果自己做米粉，费时费力，而且搭配未必科学。而市场上很多营养米粉都是根据婴儿发育需求科学搭配制成，含有多种营养素，可以满足宝宝不同阶段的营养所需。所以在初期应该给宝宝买市售的婴儿米粉，但一定要精心选择放心的品牌。

Q 喂断奶餐一定要用专门的勺子吗？

A 喂宝宝吃断奶餐不一定要用专门的勺子，但应该选择大小合适、质地较软的勺子。开始时，只在小勺前面舀上少许食物，轻轻地平伸小勺，放在宝宝的舌尖部位上，然后撤出小勺。要避免小勺进入口腔过深或用勺压宝宝的舌头，这会引起宝宝的反感。

Q 吃剩下的断奶餐，可以加热后下顿再喂吗？

A 因为宝宝刚开始添加断奶餐，新手父母可能很难掌握量，一不小心就会做多了，剩下的断奶餐如果扔掉觉得有些可惜。但是，现在的宝宝肠胃非常稚嫩，吃剩下的食品即使放在冰箱冷藏室也会滋生细菌，而且食品反复加热也会使营养流失，所以最好不要再给宝宝喂吃。如果做出的食品宝宝还没有碰过，最多在冰箱里冷藏一天，第二顿喂前也一定要彻底加热后再给宝宝吃。

较好的做法是，可以事先将做好的辅食分成小份，单独用小盛器或保鲜袋装好，放入冷冻室保存。随吃随取，但也要尽快吃完。

Q 宝宝吃断奶餐后大便干燥是怎么回事？

A 首先，大便干燥与肠道功能状况有关。由于宝宝肠道功能发育还不完善，肠道菌群不稳定，容易造成大便干燥。

其次，便秘也与膳食纤维摄入过少有关。给宝宝添加断奶餐后，如果食物加工过细、过精，好的方面是有利于营养的吸收，不利方面是食物残渣少，使膳食纤维摄入不足，容易引起便秘。

所以食物加工要适当，可以添加一些菜泥、果泥来预防大便干燥。

Q 宝宝把断奶餐含在嘴里不咽怎么办？

A 首先要了解宝宝这样做的原因。对于月龄不足的宝宝，有可能是因为喂食断奶餐过早，也有可能由于食物的形状和硬度不太适合。这时候，妈妈可以把断奶餐食品做得再松软、易烂一些，而且喂宝宝时一勺不要多，哪怕刚开始只是勺子尖一点，主要是帮助宝宝逐渐适应吃断奶餐。

Q 宝宝如果把食物直接吞下去有没有影响？

A 有的宝宝可能非常喜欢吃断奶餐，着急地一口吞下；也可能是因为食物大小、硬度不符合宝宝吞咽咀嚼，导致宝宝直接吞食。对于这种现象，新手爸妈不用担心，因为在断奶初期给宝宝提供的食物大多是易于消化的流食，即使宝宝直接吞咽下去，也不会因消化不了造成严重后果，这是宝宝学会吃断奶餐的必然过程。妈妈可以在喂食时放慢速度，并通过语言沟通和示范动作来教会宝宝慢慢进食。

添加断奶餐初期如何把握宝宝每日的量?

现阶段,刚开始给宝宝添加断奶餐,最主要的是让宝宝熟悉食物、锻炼其咀嚼吞咽能力,营养来源主要还是奶,所以要从少量开始,这个少量体现在每天加断奶餐的次数和量上。每天只加1次,每次1～3勺。

 断奶餐的适宜温度是多少?

千万不要给宝宝吃太热的食物,如果宝宝被烫伤,就会对断奶餐产生一定的抗拒性。宝宝出生后如果是母乳喂养,妈妈乳汁的温度与母体相同,应该在36～37℃。所以,最佳辅食喂养温度应该与正常成人体温相同。如果辅食温度过高,不利于婴儿维持正常胃肠功能。

 宝宝进食偏凉的断奶餐是否会伤脾胃?

事实上,家长认为的偏凉指的不是绝对温度,而是与平时进食温度相对而言。若宝宝出生后人工喂养时喝凉奶和凉白开,胃肠就会适应这种偏凉的温度;若平日进食的是温热食物和温水,突然进食偏凉食物就可能出现胃肠不适。所以,每个宝宝都有各自的胃肠适应温度,这要靠家长平日的细心观察才能把握,不能简单地互相比较。

 是否价格高的断奶食品更好?

食品价格和食品营养没有直接的关系,价格高的断奶食品不一定优于价格低的食品。相反,很多时候价格跟加工程序成正比,而加工程序越多,食品营养流失反而越多。

 有些宝宝的食品包装中会附赠一些小玩具,妈妈一定要将它们收好,以免宝宝误食。

第四节 断奶初期营养饮食推荐表

时间	星期一	星期二	星期三	星期四	星期五	星期六	星期日
6:00 ~ 6:30	母乳/配方奶180毫升	母乳/配方奶180毫升	母乳/配方奶180毫升	母乳/配方奶180毫升	母乳/配方奶180毫升	母乳/配方奶180毫升	母乳/配方奶180毫升
9:30 ~ 10:00	苹果水30~50毫升	番茄汁30~50毫升	胡萝卜汁30~50毫升	梨汁30~50毫升	红枣汁30~50毫升	鲜桃汁30~50毫升	白萝卜汁30~50毫升
12:00 ~ 12:30	母乳/配方奶180毫升	母乳/配方奶180毫升	母乳/配方奶180毫升	母乳/配方奶180毫升	母乳/配方奶180毫升	母乳/配方奶180毫升	母乳/配方奶180毫升
15:00 ~ 15:30	婴儿米粉30克	藕粉30克	蛋黄泥30克	鸡肝泥30克	山药苹果泥30克	胡萝卜泥30克	油菜米粉糊30克
18:00 ~ 18:30	母乳/配方奶180毫升	母乳/配方奶180毫升	母乳/配方奶180毫升	母乳/配方奶180毫升	母乳/配方奶180毫升	母乳/配方奶180毫升	母乳/配方奶180毫升
22:00 ~ 22:30	母乳/配方奶180毫升	母乳/配方奶180毫升	母乳/配方奶180毫升	母乳/配方奶180毫升	母乳/配方奶180毫升	母乳/配方奶180毫升	母乳/配方奶180毫升
2:00 ~ 2:30	母乳/配方奶180毫升	母乳/配方奶180毫升	母乳/配方奶180毫升	母乳/配方奶180毫升	母乳/配方奶180毫升	母乳/配方奶180毫升	母乳/配方奶180毫升

注：每个宝宝的食量都有差别，这里给出的母乳（或配方奶）的喂食量和断奶餐喂给量只供参考，妈妈应根据自己的实际情况和宝宝的食量来决定如何喂养。需要提醒的是，喂断奶餐最初几天，一天一顿即可。

翟桂荣每日指导·断奶餐

52

3

断奶中期
（7~9个月）

男宝宝·
第7个月身高平均为70.0厘米，体重平均8.8千克；
第8个月身高平均为71.5厘米，体重平均9.1千克；
第9个月身高平均为73.0厘米，体重平均9.4千克。

女宝宝·
第7个月身高平均为68.0厘米，体重平均8.0千克；
第8个月身高平均为70.0厘米，体重平均8.5千克；
第9个月身高平均为71.0厘米，体重平均8.8千克。

断奶餐喂养须知

断奶餐能锻炼宝宝的咀嚼和吞咽能力

会吸吮是宝宝的本能，当他一出生就会吸奶了。但咀嚼与吞咽就需要后天的训练和培养了。

对于7个月的宝宝，牙齿已经开始萌发。但由于这时的宝宝还不会咀嚼和吞咽食物，所以用小勺给宝宝喂半固体食物时，几乎所有的宝宝都会用舌头将食物顶出或吐出来，甚至在吞咽时有哽噎现象。只要经过一个阶段的训练，宝宝就会逐步克服上面所说的现象，形成与吞咽协同动作有关的条件反射。在进行咀嚼、吞咽训练时，由于不同宝宝存在个体差异，有的宝宝只要经过数次试喂即可适应，而有的宝宝则需要1~2个月才能学会。所以，在让宝宝学习咀嚼和吞咽时，妈妈爸爸一定要有足够的耐心。

Tips 这个时期婴儿的牙齿开始萌出，因此可以在粥内加入少许碎菜叶、肉末等。在出牙时期，还可以给宝宝吃小饼干、烤馒头片等，让他练习咀嚼。

添加断奶餐中期要侧重补钙、补锌

在这个时期，母乳的营养逐渐降低，而宝宝发育所需要的营养越来越多。所以，这个时期要注意食品的多样化，给宝宝更多的营养。在丰富营养的同时，要注意宝宝对钙和锌的需求，添加断奶餐时应有所侧重。

钙和锌是宝宝成长发育过程中必不可少的两种营养素，如果缺钙或者缺锌，就会影响宝宝的正常发育。而宝宝补锌、补钙最好还是食补，这是最安全的方法，也符合机体代谢原理的需要。所以，爸爸妈妈应该多给宝宝吃一些富钙、富锌的食物，让宝宝健康成长。

断奶餐不是吃得越多越好

初为父母，都希望自己的宝宝吃得多、吃得好。传统的哺育观念也认为多给宝宝添加断奶餐，就能给宝宝足够的营养。然而，宝宝成长所需的营养不是靠数量来弥补的。

此时宝宝的肠胃还没有完全发育成熟，肠胃容量及消化能力都十分有限。一旦摄入的辅食超出了宝宝肠胃所能够承受的限度，不但不会给宝宝提供更多的营养，还会加重宝宝肠胃及肾脏负担，对宝宝的健康构成威胁。所以，断奶餐决不是越多越好，而是要让宝宝的断奶餐营养更均衡、搭配更合理。

保证断奶餐合理搭配

本阶段宝宝胃肠消化吸收功能尚不成熟，但生长发育又处于快速成长阶段，所以断奶餐中碳水化合物食物（米、面）的比例不能少于每次进餐量的50%。蔬菜、肉或鸡蛋，应各占1/6。妈妈在给宝宝准备断奶餐时，应将2~3种不同颜色的食物混搭进宝宝的断奶餐里。

1. 绿色食物富含多种维生素、膳食纤维，可帮助宝宝改善肠道环境。

2. 红色食物含有蛋白质、维生素、铁等，具有益气补血、提高宝宝免疫力等功效。

3. 黄色食物含有丰富的胡萝卜素、矿物质及膳食纤维等，可益气补脾、保护视力、助消化、舒缓宝宝的情绪。

4. 白色食物含有钙、磷、蛋白质，具有润燥清热、止咳平喘、滋阴补肺的作用。

5. 黑紫色食物含有丰富的不饱和脂肪酸、维生素、矿物质，可促进宝宝大脑发育。

科学的辅食搭配能够帮助宝宝健康成长，妈妈千万不要因为宝宝偏食不吃就放弃。

妈妈可以逐渐给宝宝减少奶量

宝宝出生五六个月后，体内贮存的铁、钙等营养素已基本耗尽，仅喂母乳或配方奶已满足不了宝宝生长发育的需要。因此需要添加一些含铁、钙、维生素丰富的食物。添加断奶餐后，最初宝宝应该每天只吃一次半流质的米糊，等到了8个月左右，由于前几个月的铺垫，宝宝已经适应了断奶餐，就要逐渐给宝宝增加断奶餐的次数和进食量，减少奶量。妈妈可以先从减一次奶量开始，逐渐增加断奶餐的量，慢慢过渡到每天让宝宝吃3次断奶餐，而母乳或配方奶喂养逐步变成每天2～3次。饮食可固定为早、中、晚三餐，并由稀粥过渡到稠粥、软饭，由肉泥过渡到碎肉，由菜泥过渡到碎菜。快到1岁时，奶量和辅食量可均等，此后慢慢以断奶餐为主，辅以配方奶或母乳。这样，才能保证宝宝的健康成长，也让宝宝慢慢适应从奶到食物的过渡。

不要忘了给宝宝称体重

体重增加情况是判断宝宝喂养是否合理的重要指标。从出生到3岁的孩子应当每月测量体重，若体重2个月不增加，一定是出了问题。体重每个月有规律的增长是孩子健康发育的重要标志。每月称体重后，在儿童生长发育曲线上用点记录孩子体重，连接这些点，得到一条线，从而观察孩子的生长情况。向上升的线说明孩子生长状况良好，平坦的线应警惕是否存在喂养不当，向下的线则说明孩子生长不良。注意，这里说的是宝宝自身体重的增长，而不是与其他宝宝体重的比较。**即是个体纵向对比，不是全体横向对比。**

改掉半夜喝奶的习惯

夜间吃奶，会增加消化系统的负担，容易引发胃肠功能紊乱；而夜奶会影响牙齿的健康，尤其是吃奶粉的宝宝，更容易发生龋齿；夜间活动少了，吃过多的奶在体内容易转换为脂肪，使宝宝长得过胖，影响健康；夜间熟睡时宝宝体内释放的生长激素比白天高，更有利于长高，而频繁喂夜奶会影响宝宝的深睡眠，不利于长个儿；贪恋夜奶的宝宝，白天三餐进食的食物量和种类都会减少，常导致营养素摄入不足，影响生长发育。

帮宝宝戒夜奶讲方法

良好的睡眠对妈妈和宝宝的健康同等重要，在添加断奶餐后可以循序渐进地戒夜奶。

1. 调整睡眠时间。对夜醒3~4次，醒来要抱或哭闹不止，需要通过喂奶安抚哭闹的宝宝，要减少其白天的睡眠时间，并让其多做户外活动，推迟入睡时间。

2. 及时添加断奶餐。断奶餐应适时添加，其种类和数量随着宝宝月龄的增长而增加。

3. 逐渐减少喂奶次数。从减少宝宝夜间吃奶的次数入手，如逐步从3次减到2次、1次，再到睡整觉不吃夜奶。

4. 转移注意力。宝宝夜间哭闹不一定是饥饿，也可能是想要获得吸吮的感觉，此时可以给宝宝安抚奶嘴或喂点水，或者用其他办法转移注意力。

5. 白天饮食规律，晚餐足量。白天饮食要规律，临睡奶延迟到晚上10点左右，让宝宝吃饱。若宝宝夜间仍醒来，可以尝试着先哄，尽量不要喂奶，延长宝宝连续睡眠的时间。

6. 不着急、不心软。吃夜奶是一种习惯，也是大人迁就的结果。夜间宝宝一旦睡着，要立即拔出宝宝嘴里的奶瓶或乳头，避免夜间宝宝一哭就喂奶的行为。戒夜奶，妈妈不能着急，也不能心软，循序渐进地进行。

给宝宝断夜奶是一个循序渐进的过程，如果宝宝患病期间或辅食量添加不足、不符合夜间断奶条件时，不要急于给宝宝戒夜奶。

断奶餐食谱推荐

适合
7个月以上
宝宝食用

苹果柳橙汁

🥄 材料

苹果、柳橙各50克。

🥢 做法

1. 苹果洗净，去皮、去子，切小块；柳橙去皮、去子，取肉，切小块。
2. 将苹果、柳橙放入料理机中，加适量凉白开，接通电源，按下"果蔬汁"键，搅打均匀，过滤，喝的时候加2~3倍温水调匀即可。

🍴 营养功效

此品富含维生素C及多种矿物质，有利于增进宝宝食欲，增强抵抗力，促进生长发育，还可以预防坏血病。

👩 巧手妈妈

妈妈可以将苹果与柳橙做成果泥，给宝宝直接食用。

适合
7个月以上
宝宝食用

苹果白萝卜汁

🥄 材料

苹果50克，白萝卜20克。

🥢 做法

1. 苹果洗净，去皮、去核，切小块；白萝卜洗净，去皮，切小块。
2. 将苹果、白萝卜放入料理机中，加凉白开没过食材，接通电源，按下"果蔬汁"启动键，搅打均匀后过滤即可。

🍴 营养功效

此款果蔬汁益肝和胃、清热润肺、顺气化痰，可以帮助宝宝预防感冒、缓解消化不良。

👩 巧手妈妈

用作榨汁的白萝卜，一定要选择带缨新鲜、无黄烂叶、无抽薹的白萝卜。

适合
7个月以上
宝宝食用

适合
7个月以上
宝宝食用

胡萝卜山楂汁

🥕 材料

新鲜山楂2颗，胡萝卜1/2根。

🥄 做法

1. 山楂洗净，去子，切四瓣；胡萝卜洗净，去皮，切碎。
2. 将山楂、胡萝卜放入奶锅内，加适量清水煮沸，改用小火煮15分钟后关火，用纱布过滤取汁给宝宝喝。

🍴 营养功效

此品维生素含量丰富，可健胃、消食、生津，增进宝宝食欲。

莴笋芹菜汁

🥕 材料

莴笋30克，芹菜10克。

🥄 做法

1. 莴笋去皮，洗净，切小块；芹菜洗净，切段。
2. 将小奶锅放在火上，加入适量清水烧开，放入处理好的菜，盖好锅盖烧煮3分钟。
3. 将煮好的莴笋和芹菜连水一起放入豆浆机中，接通电源，按下"果蔬汁"启动键，搅打均匀过滤后即可。

🍴 营养功效

此款蔬菜汁宝宝喝了能促进骨骼的发育，并能缓解便秘。

 巧手妈妈

如果宝宝已经出牙，也可以不过滤，连渣一起吃，就是食材要处理得再细碎一些。

 巧手妈妈

莴笋叶的营养远远高于莴笋茎，所以，给宝宝做汁时可以将叶子与茎一起打汁。

CHAPTER

3

断奶中期（7～9个月）

适合
7个月以上
宝宝食用

适合
7个月以上
宝宝食用

西蓝花奶香土豆泥

材料

土豆50克，西蓝花20克，配方奶2勺（约10克）。

做法

1. 土豆洗净，去皮，切片，上锅蒸12分钟左右；西蓝花洗净，掰成小朵，焯煮至刚刚软烂；配方奶按比例冲调好。
2. 将土豆和西蓝花放入研磨碗，用研磨棒捣烂，放在滤网上，用研磨棒在滤网上继续研磨过滤成泥。
3. 加入配方奶，将菜泥搅拌均匀即可。

营养功效

此品含有丰富的维生素A、维生素C，经常食用能清咽利喉、增强肝脏解毒能力及机体免疫力。

蓝莓土豆泥

材料

土豆50克，胡萝卜、自制蓝莓果酱各15克。

做法

1. 土豆、胡萝卜洗净，去皮，切薄片，上锅蒸熟。
2. 用搅拌机或者研磨器将土豆、胡萝卜制成泥，加入蓝莓果酱搅拌均匀即可。

营养功效

此品富含膳食纤维、胡萝卜素、钙、铁及有利于视网膜的花青素，还能给宝宝补充碳水化合物，促进宝宝生长发育。

 巧手妈妈

西蓝花焯的时间不要过长，刚刚软烂即可，要保留其绿色。

 巧手妈妈

如果土豆、胡萝卜做出的泥太干了，可以适量加一些配方奶调稀一点。

适合
7 个月以上
宝宝食用

适合
7 个月以上
宝宝食用

鸡汤南瓜泥

材料
鸡胸肉30克，南瓜50克。

做法
1. 鸡胸肉洗净，剁成小粒，加入一大碗清水煮汤；南瓜洗净，去皮及子，切块，放锅内蒸熟，用勺子碾成泥。
2. 当鸡汤熬成一小碗的时候，用消过毒的纱布将鸡肉粒滤掉，将南瓜泥倒入鸡汤中搅拌均匀，稍煮片刻即可。

营养功效
鸡汤南瓜泥含蛋白质、钙、磷、铁、碳水化合物及多种维生素，有利于宝宝的生长发育。

玉米糊

材料
鲜玉米粒70克。

做法
1. 玉米粒洗净。
2. 将玉米粒放入多功能料理机中，按1:1加入凉白开，搅打成浆。
3. 用纱布将玉米浆过滤出来，放在奶锅里用小火煮成黏稠糊状即可。

营养功效
玉米富含钙、镁、硒、维生素E、胡萝卜素、卵磷脂等，能提高宝宝免疫力，增强宝宝脑细胞活力。

巧手妈妈
到了宝宝 9 个月以后，这款断奶餐中鸡粒可以处理地再细碎一些，就可以直接给宝宝吃了。

巧手妈妈
打好的玉米浆再上火煮容易粘锅，要不停搅动。或者在放入料理机后少加些凉白开，然后将过滤后的玉米泥入蒸锅蒸10 分钟也可以。

CHAPTER

3

断奶中期（7～9个月）

山药麦片糊

🥕 材料

山药60克，麦片20克。

🥄 做法

1. 山药洗净，去皮，切成小丁，上锅蒸熟至软。
2. 将麦片用适量开水泡开。
3. 将山药与麦片及泡麦片的水一起放入搅拌机，打成泥糊状即可。

🍴 营养功效

山药麦片糊富含碳水化合物及膳食纤维，能为宝宝提供充足的热量，预防宝宝便秘。

👩 巧手妈妈

如果妈妈觉得山药提前去皮手会过敏，也可以将山药洗净后，整段放到水里煮，等山药熟了再去皮。

蔬菜米糊

🥕 材料

胡萝卜、小白菜、小油菜各15克，婴儿米粉30克。

🥄 做法

1. 小白菜、小油菜洗净，切碎；胡萝卜洗净，去皮，切碎。
2. 将胡萝卜、小白菜、小油菜放入沸水中煮约2分钟，关火，盛入碗内，加入婴儿米粉搅拌均匀即可。

🍴 营养功效

此品含有蛋白质、铁、钙、硒、碳水化合物、多种维生素等，能为宝宝的生长发育提供丰富的营养。

👩 巧手妈妈

由于胡萝卜素是脂溶性物质，所以在煮胡萝卜时，妈妈可以在水里滴几滴香油，来帮助宝宝更好地吸收胡萝卜素。

翟桂荣每日指导·断奶餐

适合
7个月以上
宝宝食用

奶香香蕉糊

材料

香蕉50克，配方奶2勺（约10克）。

做法

1. 香蕉剥皮，取果肉碾成泥，放入锅中，加适量清水，边煮边搅拌，煮成香蕉糊。
2. 奶粉按照比例冲调好，待香蕉粥微凉后倒入，搅拌均匀即可。

营养功效

本品含有丰富的钾、镁、维生素、碳水化合物、蛋白质，是一款美味营养的断奶食品。

巧手妈妈

做这款断奶餐，火要小，并要不断搅拌，以免煳锅。

适合
8个月以上
宝宝食用

橘子番茄西瓜汁

材料

橘子、西瓜、番茄各40克。

做法

1. 橘子去皮、去子，取肉；番茄洗净，去皮，切小块；西瓜洗净，去皮、去子，切小块。
2. 将橘子、西瓜、番茄放入豆浆机中，加凉白开到机体水位线间，接通电源，按下"果蔬汁"键，搅打均匀过滤后倒入杯中即可。

营养功效

此品含有丰富的维生素C和多种矿物质，具有开胃消食、清热去火、促进新陈代谢、增强机体免疫力的作用。

巧手妈妈

如果要增加果汁的营养和清香，也可以再加一些柠檬汁。特别是在夏季，加了柠檬汁的果蔬汁还有防晒功效。

适合
8 个月以上
宝宝食用

葡萄柚菠萝汁

材料

葡萄柚100克，菠萝50克。

调料

盐适量。

做法

1. 葡萄柚去皮、去子，切小块；菠萝去皮，切小块，放盐水中浸泡15分钟。

2. 将葡萄柚、菠萝放入豆浆机中，加适量温水，接通电源，按下"果蔬汁"键，搅打均匀后过滤即可。

营养功效

此款果汁营养丰富，有健胃消食、清热解渴的作用，可以促进宝宝食欲、助消化。

巧手妈妈

菠萝的致敏物质主要是菠萝蛋白酶，盐水能够破坏这种酶，减少其致敏性。因此，菠萝最好放在盐水中浸泡 10 分钟以上再食用。

适合
8 个月以上
宝宝食用

狝猴桃香蕉汁

材料

香蕉100克，狝猴桃50克，梨20克。

做法

1. 香蕉、狝猴桃去皮，切小块；梨洗净，去皮、去核，切小块。

2. 将香蕉、狝猴桃、梨放入豆浆机中，加适量温水，接通电源，按下"果蔬汁"键，搅打均匀过滤后倒入杯中即可。

营养功效

狝猴桃丰含维生素C、膳食纤维等，和香蕉、梨搭配，可以帮助宝宝消化，防止便秘，清除宝宝体内有害代谢物，促进宝宝成长。

巧手妈妈

宝宝食用狝猴桃后不要马上喝牛奶或食用乳制品，以防引起宝宝腹胀或腹痛。

适合
8 个月以上
宝宝食用

适合
8 个月以上
宝宝食用

胡萝卜鸡肝泥

材料

鸡肝、胡萝卜各30克。

做法

1. 鸡肝清洗干净，用清水浸泡1小时；胡萝卜洗净，去皮。
2. 鸡肝凉水下锅，煮熟后捞出，凉凉，用勺子压碎成泥。
3. 将胡萝卜蒸熟后，放在碾磨碗里压碾成泥，和鸡肝泥混合均匀即可。

营养功效

这款断奶餐补铁补血，可增强免疫力，并且对宝宝眼睛的发育有好处。

 巧手妈妈

在浸泡鸡肝的过程中，一定要换几次水，这样才能把鸡肝里的污血浸干净。

红豆沙

材料

红豆50克。

做法

1. 红豆拣去杂质，洗净，放入锅内，加入适量清水用大火烧开，改小火焖煮成豆沙，碾碎去皮。
2. 锅置火上，放入少许油，倒入豆沙，用小火擦着锅底搅炒，炒匀即可。

营养功效

红豆含有丰富的B族维生素、铁、蛋白质、脂肪、碳水化合物、钙、膳食纤维等营养素，可以预防宝宝贫血、便秘。

 巧手妈妈

注意煮豆越烂越好，炒豆沙时要不停地擦着锅底搅炒，火要小，以免炒焦而生苦味。

鱼泥米糊

材料

婴儿米粉、鱼肉各25克。

做法

1. 将婴儿米粉酌量加温水浸软，搅为糊；将鱼肉去骨、刺，剁成泥。
2. 将米糊到入小奶锅，大火烧沸约5分钟。
3. 将鱼肉到入锅中，续煮至鱼肉熟透即可关火，放温后喂给宝宝即可。

营养功效

此品可健脑，还可满足宝宝对多种营养素和热量的需求。

适合 8 个月以上 宝宝食用

巧手妈妈

如果家里有绞肉机或多功能料理机，妈妈也可以用它们来做鱼泥。

山药小米粥

材料

小米30克，山药20克。

做法

1. 山药洗净，去皮，切小块；小米淘净。
2. 奶锅内放适量清水煮沸，放入小米，大火煮沸后放入山药，待再次煮沸，转小火煮30分钟左右至小米熟烂即可。

营养功效

山药小米粥富含B族维生素、多种微量元素及蛋白质等，软糯可口，健脾养胃，是一款非常好的宝宝断奶食品。

适合 8 个月以上 宝宝食用

巧手妈妈

在煮粥的后期，特别是山药、小米都软烂后，要不时搅动一下，以免煳锅。

翟桂荣每日指导·断奶餐

豆腐肉泥粥

材料
大米、猪瘦肉各25克，南豆腐15克。

做法
1. 猪瘦肉洗净，剁为泥；豆腐洗净，研碎。
2. 大米洗净，酌加清水，小火煮至大米八成熟时下肉泥，煮至肉熟。
3. 将豆腐碎倒入肉粥中，大火煮至粥烂即可。

营养功效
本品含有丰富的优质蛋白质和钙，具有补钙、健脾和胃的功效。

适合
8个月以上
宝宝食用

巧手妈妈
为了保证粥的口感，妈妈一定要给宝宝选择南豆腐，即水豆腐来做这道断奶餐。

苹果麦片粥

材料
苹果1/4个，麦片30克。

做法
1. 苹果洗净，去皮、去核，切小块，放进搅拌机打成泥。
2. 锅内放适量清水，放入麦片与苹果泥，用小火一边煮一边用筷子搅拌，煮至黏稠即可。

营养功效
苹果麦片粥含有丰富的膳食纤维，能促进消化，预防便秘；其中的锌能增强宝宝的记忆力。

适合
8个月以上
宝宝食用

巧手妈妈
一定要用没有任何添加的纯麦片来给宝宝做这道断奶餐。

适合
8 个月以上
宝宝食用

西蓝花鸡肝粥

材料

鸡肝、大米各20克，西蓝花2小朵。

做法

1. 鸡肝收拾干净，焯水后切碎；西蓝花洗净，焯熟后切碎；大米淘净。

2. 将大米放入奶锅里，加入适量清水煮粥，待粥快熟时放入鸡肝，出锅时放西蓝花搅拌好即可。

营养功效

此品营养丰富，尤其是铁的含量高，不仅是宝宝的补铁佳品，还能促进宝宝生长发育、增强体质、提高免疫力。

巧手妈妈

鸡肝可能会有些腥气，可以用料酒和葱姜水浸泡鸡肝 10 分钟左右，再烹调就行了。

适合
8 个月以上
宝宝食用

胡萝卜番茄汤

材料

胡萝卜1小根，番茄1/2个。

做法

1. 胡萝卜洗净，去皮，切碎；番茄洗净，去皮，切碎。

2. 锅中放适量清水，水烧沸后放入胡萝卜，用大火煮开后加入番茄，改小火至熟透即可。

营养功效

番茄和胡萝卜是胡萝卜素和维生素C的优质来源，有益于宝宝补血。

巧手妈妈

对于刀工不是很好的妈妈，可以借助擦丝板将胡萝卜擦成细末。

翟桂荣每日指导·断奶餐

南瓜蒸蛋

🥄 材料
小南瓜1个，鸡蛋1个。

🥄 做法
1. 小南瓜洗净，切去顶部，盖子留着不要扔，用小勺把里面的子瓤挖空，再挖去一小部分果肉。
2. 鸡蛋取蛋黄，打散，再按水和蛋2∶1的比例倒入适量温水继续搅匀，然后用滤网过滤蛋液。
3. 将南瓜盖上盖子放入蒸锅，蒸15分钟，关火，打开盖子，倒入蛋液，盖上盖子续蒸10分钟左右即可。

🍴 营养功效
这道南瓜蒸蛋含有丰富的蛋白质和维生素A，对促进宝宝视力发育非常有益。

适合
9个月以上
宝宝食用

🧑 巧手妈妈
小南瓜盅蒸好后很烫，不宜马上倒入蛋液，将南瓜盅放置一会儿，温度适宜后再倒入蛋液。

鸡肉菠菜面

🥄 材料
儿童挂面30克，鸡胸肉、胡萝卜、菠菜各20克。

🥄 做法
1. 儿童挂面煮熟；鸡胸肉洗净，切碎；胡萝卜洗净，去皮，切碎；菠菜洗净，焯水后切碎。
2. 锅中放入适量水，下入鸡胸肉和胡萝卜，用中火煮至食材熟烂时放入菠菜和挂面，再续煮2分钟即可。

🍴 营养功效
本品含有钙、铁、蛋白质等营养素，具有强身健体、益智的功效。

适合
9个月以上
宝宝食用

🧑 巧手妈妈
妈妈一定不要偷懒，菠菜需要焯水，既可去掉菠菜中的草酸，又可去掉菠菜本身的苦涩味，这样做出来的辅食才营养美味。

三色猪肝末

材料
小油菜、番茄、胡萝卜、洋葱各20克，猪肝30克。

做法
1. 猪肝收拾干净，切片后用水煮熟，切碎；小油菜洗净，焯烫后切碎；胡萝卜、番茄洗净，去皮，切碎；洋葱洗净，切碎。
2. 将番茄、胡萝卜、洋葱放入奶锅内，加适量清水，用中火煮开，放入猪肝、小油菜搅拌均匀即可。

营养功效
此品含有丰富的铁和多种维生素，有助于宝宝智力和身体的发育。

适合
9 个月以上
宝宝食用

巧手妈妈
为避免烹煮后猪肝偏硬，影响口感，可以先将猪肝刮成细浆后，再制成好吃的辅食。

豆腐胡萝卜泥

材料
嫩豆腐30克，胡萝卜20克。

做法
1. 胡萝卜洗净，去皮，切小块；嫩豆腐捣碎。
2. 将胡萝卜放入锅内，加适量水炖至胡萝卜熟烂，再加入嫩豆腐碎，煮至汤汁快干时关火。
3. 将煮好的食材一起倒入过滤网，碾碎过滤，调成糊状即可。

营养功效
豆腐与胡萝卜搭配，营养互补，有利于宝宝的身体发育。

适合
9 个月以上
宝宝食用

巧手妈妈
做本品时还可以给宝宝加上半个蛋黄泥，既增加了营养，口感也会更糯，宝宝更喜欢。

适合
9 个月以上
宝宝食用

鸡蛋布丁

🥄 材料

鸡蛋1个，配方奶30克。

🥢 做法

1. 鸡蛋取蛋黄，用筷子打散；配方奶按比例冲调好。
2. 将调好的配方奶缓缓倒入蛋液中拌匀。
3. 将蛋碗放入蒸锅中蒸熟即可。

🍼 营养功效

鸡蛋布丁富含优质蛋白质、维生素及矿物质，能为宝宝提供丰富的营养。

🙆 巧手妈妈

蒸蛋时蒸碗上要加盖，这样锅里的水就滴不到蛋羹了，蒸出的蛋羹会比较平滑、好看，没有"小马蜂窝"了。

适合
9 个月以上
宝宝食用

香菇鸡蓉蔬菜粥

🥄 材料

鸡胸肉20克，鲜香菇1朵，胡萝卜1/2根，大米30克，芹菜10克。

🥢 做法

1. 大米洗净，浸泡20分钟；鸡胸肉洗净，切成碎末；鲜香菇洗净，切末；胡萝卜洗净，去皮，切碎；芹菜洗净，去叶，只留梗，切成碎末。
2. 锅中倒入适量清水，大火煮开后倒入大米搅拌几下，改成中小火煮至米开花、粥稠后，放入鸡胸肉、香菇、胡萝卜，改成大火继续煮10分钟，放入芹菜续煮2分钟即可。

🍼 营养功效

这款粥含有丰富的蛋白质、维生素A、膳食纤维，既能给宝宝提供营养，又具有开胃的作用。

🙆 巧手妈妈

也可以用干香菇替代鲜香菇。干香菇要提前2小时用温水浸泡，将浸泡好的香菇取出后，用清水冲洗干净，挤压出水分后，切成小碎丁。

适合
9 个月以上
宝宝食用

适合
9 个月以上
宝宝食用

猪血粥

🥄 材料
猪血30克，大米50克，小油菜10克。

🥣 做法
1. 猪血洗净，放沸水中稍煮，捞出后切碎；小油菜洗净，焯水，捞出后切成细末；大米淘净。
2. 将猪血、大米一起放在锅里煮粥，待粥熟后放入小油菜略煮即可。

🍴 营养功效
此粥补血补气、健脾和胃，非常适合这个阶段的宝宝食用。

芥蓝鸡肉粥

🥄 材料
大米30克，鸡腿肉、芥蓝各20克。

🥣 做法
1. 鸡腿肉洗净，切成丁，放入沸水中焯去血水，冲净，切碎；芥蓝洗净，切碎；大米淘净。
2. 将大米和鸡腿肉一起放入砂锅中，加适量清水大火煮沸，转小火煮至肉熟粥稠，加入芥蓝搅匀，续煮2分钟即可。

🍴 营养功效
芥蓝鸡肉粥富含蛋白质、多种维生素及对宝宝身体发育有重要作用的磷脂类物质，且消化率高，很容易被宝宝吸收利用。

 巧手妈妈
猪血粥里的配菜可以根据家里现有食材搭配，圆白菜、菜心、芹菜、黄瓜、胡萝卜都是不错的选择。

 巧手妈妈
芥蓝对提升宝宝免疫力非常有好处，但如果妈妈怕芥蓝太硬了，担心宝宝吃了不消化，也可以将芥蓝榨成汁后加到粥里。

适合
9 个月以上
宝宝食用

适合
9 个月以上
宝宝食用

紫菜蛋花汤

🌿 材料

无盐紫菜3克，蛋黄1个，小油菜10克，虾皮适量。

🥄 做法

1. 紫菜用开水泡软，撕碎；蛋黄搅匀备用；小油菜择洗干净，切成小段；虾皮洗净，切碎。

2. 炒锅上火，放少许油烧热，加入适量清水和虾皮，用小火煮片刻，淋入蛋液，放小油菜，最后放入紫菜，煮沸即可。

🍴 营养功效

紫菜蛋花汤含有丰富的碘、钙、磷、钾、铁、维生素A等，是宝宝补钙补碘的优选断奶餐。

 巧手妈妈

虾皮在使用前最好用清水浸泡30分钟，以去除虾皮的盐分。

菠菜猪肝挂面汤

🌿 材料

挂面30克，猪肝、菠菜各20克，虾肉10克，蛋黄1个。

🥄 做法

1. 猪肝收拾干净，切碎；虾肉洗净，切碎；菠菜洗净，切末；蛋黄打散备用。

2. 将挂面煮软后切成较短的段儿，然后放入锅内，加水煮开。

3. 将猪肝、虾肉、菠菜同时放入锅内，将蛋液也下入锅内，煮熟即可。

🍴 营养功效

本品富含维生素、铁及优质蛋白质，且易消化，适合宝宝食用。

 巧手妈妈

挂面最好选用儿童挂面，而且在下入前最好捏碎一些，这样宝宝吃起来不容易噎着。

第三节 新手妈妈问答

Q 宝宝不能接受太稠的断奶餐怎么办？

断奶餐由稀渐稠是个循序渐进的过程，爸爸妈妈不可操之过急，不要一下子就希望宝宝可以完全接受，必须视宝宝发育状况慢慢调整。一次尝试一种新食物，尝试2～3天以后再加入新的，不容易造成双方的挫折感。如果宝宝刚开始不喜欢太稠的食物，可以先缓一缓，过一段时间再让宝宝重新尝试。也可以在味道、形状、颜色上做些文章，提高宝宝对食物的兴趣。只要有耐心，宝宝最终一定会接受的。

> **Tips** 有些宝宝因为不习惯咀嚼，会不接受太稠的食物。这时父母要给宝宝示范如何咀嚼食物并且吞下去。可以放慢速度多试几次。

Q 是不是让宝宝尝各种食物，宝宝今后就不会挑食？

有的妈妈为了不让宝宝挑食，就让宝宝短期内尝各种食物，可是后来发现宝宝还是挑食。这是因为宝宝在成长的过程中，他们的饮食习惯会发生很多的变化。今天爱吃的食物，有可能明天就不吃了，更有可能在上顿吃的，在下顿就不吃了。

遇到这种情况，妈妈要正视它，不用过于担心和焦虑，更不能抱怨宝宝。今天不吃，明天换个花样再给他，也许就吃了。宝宝是否会挑食，主要看父母能否耐心正确地引导。为了宝宝的健康，宝宝的饮食要多样化，并注意营养合理搭配，在烹调手段上也多样化，以刺激宝宝的食欲。这样，宝宝最终一定会是个不挑食的健康宝宝。

Q 宝宝出牙晚是不是因为缺钙？

A 通常，宝宝6~7个月便开始长牙，出牙早的孩子在4个月便开始长牙，出牙晚的孩子要到10个月左右才萌出，个别孩子要到1岁以后才长出第一颗乳牙。这与婴幼儿时期骨骼生长的快慢有关，不都是由于缺钙或疾病所致。

有些父母一见宝宝该出牙时没长牙以为是缺钙，就给孩子吃鱼肝油和钙片，这是不可取的。给孩子补钙与否，要根据孩子的身体实际发育情况来定，并结合医学检查及所表现的症状进行综合分析。

Q 宝宝没出牙是不是不能喂颗粒状断奶餐？

A 无论宝宝是否长出乳牙，在这个时期都应该给宝宝喂颗粒状食物。宝宝可以通过牙床来咀嚼，颗粒状食物能够更好地保留食物中的营养，同时还能锻炼宝宝咀嚼吞咽的能力，有利于宝宝的出牙，并且可以缓解宝宝出牙时的不适感。

Q 断奶餐没味道，宝宝不爱吃，可以加些调料吗？

A 不少妈妈在给宝宝准备断奶餐时总觉得食物没有味道，宝宝会不喜欢吃。如果你这样想就错了，切忌以自己的口感去评判食物味道的浓淡或好吃与否。一般来说，每种食物都有自己特殊的味道，而宝宝恰巧拥有非常灵敏的味蕾，因此可以很好地品出天然食物的香味。而且婴幼儿肠道和肾脏发育还未完善，过早添加调味品不仅会造成肾脏负担，还会影响宝宝的味觉发育。因此宝宝的断奶餐中最好不要添加过多调味品，以原汁原味为主。随着宝宝年龄的增长，肾脏发育的完善，再考虑逐步添加。

Q 宝宝吃断奶餐时发生呛咳怎么办？

A 宝宝的气管细，吃东西的时候很容易呛到，甚至引起窒息。因此爸爸妈妈要学会当宝宝被异物呛住后，如何在第一时间将异物取出。最有效的急救方法是将手指伸入宝宝的喉咙中直接将异物抠出来。但是对于没有医学背景的人来说，这样做是很有难度的，软性的食物则更不容易抠出。以下方法值得借鉴：

1. 对于较小的宝宝，父母可以用手拎住宝宝的脚使其倒挂，同时使劲拍打宝宝的背部；或者用手托住宝宝的颈部，让宝宝往下靠在家长的手臂上，另一只手拍打宝宝的背部。

2. 让宝宝头朝下趴在家长的腿上，并且将宝宝的头部放置于较低的位置，同时使劲向下拍打宝宝的背部。

需要注意的是，即便宝宝通过剧烈咳嗽或者是通过家长的急救将异物取出，还是需要送去医院做进一步检查。

Q 宝宝突然对吃奶不感兴趣了，可以断奶了吗？

A 这里的断奶指的是断母乳。9个月后，如果宝宝对母乳已经不感兴趣，可以尝试减少母乳喂养，逐步添加断奶餐，直至顺利过渡到正常饮食。但最好1岁内给宝宝喝些配方奶，1岁以上可以直接喝牛奶。

Q 宝宝总是玩弄食物正常吗？

A 妈妈不要对爱玩食物的宝宝多加干涉，宝宝玩食物实际上是个学习的过程。宝宝在尝试和熟悉某种新食物前，会通过反复观察和尝试食物来了解和认识食物。宝宝对食物的拨弄、涂抹和玩耍越多，他学到的就越多。但很多妈妈都不太理解宝宝的这种行为，阻止宝宝把玩食物，从而妨碍了宝宝熟悉新食物。

宝宝一天该喝多少水？

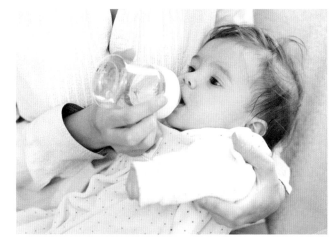

不同年龄段的宝宝对水的需求量不同，通常可以根据年龄和体重来计算每日需水量。0~1岁的婴儿每天水摄入推荐量为150毫升/千克。也就是说，体重5千克的宝宝每天需要750毫升水，依次类推。而宝宝每日的补水量等于需水量减去喂奶量。以上所说的量包括了饮食中的水分（奶、水果、蔬菜等一切含水食物）。如果天气热，宝宝活动量大、出汗较多的话，可以适量增加饮水量，同时注意增加锌的摄入量，否则容易出现厌食等问题。

但是，下面4种情况，宝宝是不宜多喝水的：

1. 饭前不宜大量饮水，否则会冲淡胃液，不利于食物消化，而且会扩张胃容积，增加胃的饱胀感，影响食欲。

2. 饭后不宜大量饮水，胃内的食物在水的作用下体积增大，不易于消化，给宝宝带来不适感。

3. 睡前1小时不宜多饮水。睡前不提倡大量饮水，因为饮水后会产生大量尿液，影响宝宝的睡眠质量。

4. 如果宝宝肾功能不好，不能大量饮水，否则会加重肾的负担，出现全身水肿、全身乏力等不良反应。

 宝宝不喜欢喝配方奶，可将奶粉调稠些喂吗？

奶粉冲调得太浓会影响消化。奶粉冲调的适宜浓度，取决于配方奶中各种营养成分的比例和宝宝生长阶段的消化吸收能力，是有科学依据的。如果冲调太浓、太稠，会导致宝宝消化不良，排便困难，也增加了患消化道疾病的风险。

第四节 断奶中期营养饮食推荐表

时间	星期一	星期二	星期三	星期四	星期五	星期六	星期日
6:00~6:30	母乳/配方奶240毫升	母乳/配方奶240毫升	母乳/配方奶240毫升	母乳/配方奶240毫升	母乳/配方奶240毫升	母乳/配方奶240毫升	母乳/配方奶240毫升
8:00	芹菜汁30~50毫升	苹果柳橙汁30~50毫升	番茄西瓜汁30~50毫升	芹菜苹果汁30~50毫升	胡萝卜芹菜汁30~50毫升	葡萄甘蓝汁30~50毫升	白萝卜水30~50毫升
10:00~10:30	草莓1颗	葡萄1~2个	橙子半个	枇杷1个	苹果半个	梨半个	蓝莓2~3颗
12:00	玉米糊1小碗	山药麦片糊1小碗	红豆沙1小碗	香菇鸡肉蔬菜粥1小碗	豆腐胡萝卜泥1小碗	三色猪肝末1小碗	南瓜蒸蛋1小碗
14:00~14:30	母乳/配方奶120毫升，饼干15克	母乳/配方奶120毫升，馒头片15克	母乳/配方奶120毫升，磨牙棒15克	母乳/配方奶120毫升，面包干15克	母乳/配方奶120毫升，鸡蛋布丁20克	母乳/配方奶120毫升，红豆沙20克	母乳/配方奶120毫升，小蛋糕15克
16:00	苹果白萝卜汁30~50毫升	山楂水30~50毫升	胡萝卜橘子汁30~50毫升	黄瓜西瓜汁30~50毫升	雪梨莲藕汁30~50毫升	芹菜苹果汁30~50毫升	冬瓜苹果汁30~50毫升
18:00~18:30	猪血粥1小碗	蔬菜米糊1小碗	奶香香蕉糊1小碗	芥蓝鸡肉粥1小碗	菠菜猪肝挂面汤1小碗	山药小米粥1小碗	豆腐肉泥粥1小碗
22:00~22:30	母乳/配方奶240毫升	母乳/配方奶240毫升	母乳/配方奶240毫升	母乳/配方奶240毫升	母乳/配方奶240毫升	母乳/配方奶240毫升	母乳/配方奶240毫升

断奶后期
（10~12个月）

男宝宝·
第10个月身高平均为74.3厘米，体重平均9.7千克；
第11个月身高平均为75.5厘米，体重平均9.8千克；
第12个月身高平均为77.3厘米，体重平均10.2千克。

女宝宝·
第10个月身高平均为72.7厘米，体重平均9.1千克；
第11个月身高平均为74.0厘米，体重平均9.3千克；
第12个月身高平均为75.9厘米，体重平均9.5千克。

断奶餐喂养须知

断奶餐要加强宝宝咀嚼能力的锻炼

对于10~12个月的宝宝，这时的断奶餐不仅要满足宝宝的营养需求，还要进一步锻炼宝宝的咀嚼能力，以促进咀嚼肌的发育、牙齿的萌出和颌骨的正常发育与塑形，以及肠胃道功能及消化酶活性的提高。单纯吃泥糊状食物虽然能够满足营养均衡的要求，其余的任务却很难实现。因此，此时可以适当增加食物的硬度。

这个阶段宝宝可以享用的食物应从稠粥转为软饭；从烂面条转为包子、饺子、馒头片；从菜末、肉末转为碎菜、碎肉。

断奶餐要注意补充脂肪类食物

宝宝在成长发育阶段，身体组织是需要脂肪支撑的，如果脂肪不足会引起营养不良、代谢紊乱，影响大脑的发育。缺少脂肪会妨碍脂溶性维生素的吸收，导致骨骼的钙化不良，甚至会引起骨骼畸形。因此，家长要注意为宝宝补充一定的脂肪类食物。

植物油及海鱼类是必需脂肪酸的良好来源。制作婴儿断奶餐时应注意不饱和脂肪酸的供给，因为不饱和脂肪酸是神经发育、髓鞘形成所必需的物质。如果食物中不饱和脂肪酸供应不足，可影响神经发育，也会导致婴儿体重下降。因此，断奶餐应注意添加植物油、海鱼等富含不饱和脂肪酸的食物。

Tips 如果宝宝在摄入脂类后出现消化不良，首先要调配好饮食，限制进食量，并做到规律饮食；可以给予开胃、助消化的山楂水、苹果泥等；如有必要，可以咨询医生，辅助吃些助消化的药。

不能用水果代替蔬菜

蔬菜和水果所含营养素有所不同，均对宝宝的成长有益，但二者是不能互相替代的。

宝宝天生喜欢甜味，因此也容易接受大多数水果。蔬菜口味比较淡，某些还带有特殊的味道，如香椿、芹菜等，有些宝宝会较难接受它们。最有效的方法是在添加断奶餐时给宝宝尝试各种深绿色及橙黄色蔬菜，使他们熟悉各种蔬菜的味道。

如果宝宝不愿吃蔬菜，可尝试以下几种方法：

1. 将蔬菜放在宝宝喜欢吃的饭菜中一起吃。
2. 蔬菜与宝宝喜欢吃的水果放在一起做成果蔬沙拉。
3. 将蔬菜与肉一起做成饺子、包子或馅饼。

不要将食物嚼烂后喂宝宝

有些家长怕宝宝嚼不烂断奶餐，影响消化，就自己将食物嚼烂后喂给宝宝，这样做对宝宝的健康十分不利。

首先，成人口腔里的细菌会通过咀嚼食物传给宝宝，这些细菌有可能会致使宝宝呕吐，或者患肝炎等传染病。

其次，嚼喂也不利于宝宝的消化和吸收。宝宝通过自己咀嚼食物，可以刺激唾液和胃液的分泌，有利于食物的化学消化。但嚼喂会使宝宝的咀嚼动作大大减少，胃液和唾液的分泌也必然减少，不利于宝宝咀嚼肌的发育和以后自己独立进食。即使以后长出了牙齿，也可能因不太会咀嚼而大块大块地吞食物，从而加重肠胃的负担，造成消化不良。

第二节 断奶餐食谱推荐

适合
10个月以上
宝宝食用

虾仁豆腐羹

材料

北豆腐50克，胡萝卜20克，大虾2只。

调料

去脂高汤适量，姜汁少许。

做法

1. 大虾洗净，去头、壳和虾线，剁成虾粒，加姜汁拌匀；胡萝卜洗净，去皮，切丁；豆腐洗净，切小块。

2. 奶锅内放高汤，烧开后放入豆腐，煮开后放入胡萝卜丁、虾粒煮熟即可。

营养功效

虾仁豆腐羹含有丰富的钙、蛋白质和维生素D，有利于宝宝骨骼、牙齿健康生长。

巧手妈妈

如果没有高汤，也可以用水代替。最好在汤里点2~3滴植物油，可以让营养更易吸收。

适合
10个月以上
宝宝食用

黑芝麻核桃粥

材料

大米30克，糯米10克，熟黑芝麻5克，熟核桃15克。

做法

1. 大米、糯米淘净，浸泡30分钟；熟黑芝麻、熟核桃碾碎。

2. 将大米和糯米放入锅中，加入适量清水，大火煮开后加盖转小火熬煮；待粥快熟时，放入熟黑芝麻与核桃碎，搅匀，续煮至米粥黏稠即可。

营养功效

黑芝麻核桃粥含有丰富的脂肪、蛋白质、多种维生素、卵磷脂及多种矿物质，对宝宝的智力发育与身体发育都有很好的促进作用。

巧手妈妈

炒熟的核桃尽量用手把那层薄皮磨掉，不然会很苦，然后和黑芝麻一起捣碎，如果用食物粉碎机则更易操作。

适合
10个月以上
宝宝食用

适合
10个月以上
宝宝食用

五彩鱼粥

材料
净鱼肉、大米各30克，胡萝卜1/4根，豌豆10克。

做法
1. 鱼肉洗净，切成粒；胡萝卜洗净，去皮，切成粒；豌豆洗净；大米淘净。
2. 将大米入锅，稍微多加点水煮粥；待粥快熟时，倒入鱼肉、胡萝卜及豌豆煮熟即可。

营养功效
此品富含蛋白质、维生素等多种营养素，宝宝常食可增强免疫力。

苹果鸡肉粥

材料
大米50克，鸡胸肉30克，苹果1/2个。

做法
1. 大米洗净，用冷水浸泡1小时；鸡胸肉洗净，剁成末；苹果洗净，去皮、去核，切小丁。
2. 将大米放入奶锅中，加适量清水，用大火烧开后改用小火熬成粥，然后加入鸡肉末，继续用小火熬5~10分钟，加入苹果丁，继续用小火煮开即可。

营养功效
本品含有丰富的蛋白质、铁、钙、磷、锌及维生素C，具有健脾和胃的功效，易于宝宝消化吸收。

巧手妈妈
如果怕鱼腥，可以将鱼肉在水中多清洗几次，或者在煮粥时放入1片姜。

 巧手妈妈
苹果放到粥里不易久煮，久煮会使苹果变酸，煮开即可盛出。

CHAPTER

4

断奶后期（10~12个月）

适合
10 个月以上
宝宝食用

适合
10 个月以上
宝宝食用

海米冬瓜汤

🥢 材料
冬瓜50克，海米10克。

🥄 做法
1. 冬瓜洗净，去皮、瓤，切成薄片；海米洗净，浸泡，切粒，并将无杂质的泡海米水留用。
2. 在锅中倒入适量清水和泡海米的水，用大火烧至沸腾，放入冬瓜片、海米，继续用大火烧至沸腾后，改用小火慢慢煲至汤熟即可。

🍴 营养功效
冬瓜中含有多种维生素、矿物质等营养成分，海米是补钙佳品，适量进食海米冬瓜汤对宝宝发育大有益处。

肉末青菜面

🥢 材料
龙须面30克，青菜、猪瘦肉各20克。

🥄 做法
1. 青菜洗净，切碎；猪瘦肉洗净，剁成末。
2. 锅烧热，将肉末翻炒至变白后倒入青菜碎翻炒，加入适量清水。
3. 待锅中水烧开后将龙须面放入，盖上锅盖煮至面熟烂即可。

🍴 营养功效
肉末青菜面富含维生素、蛋白质及多种微量元素，且入口软滑，非常适合宝宝食用。

巧手妈妈
做汤要选浅绿皮的冬瓜，这种冬瓜表皮有白霜，肉质薄且松软，容易入味。

巧手妈妈
妈妈也可以把龙须面换成米，做成肉末青菜粥。米一定要煮烂一些、糯一些，宝宝一样爱吃。

翟桂荣每日指导·断奶餐

适合
10 个月以上
宝宝食用

适合
10 个月以上
宝宝食用

什锦蝴蝶面

材料

蝴蝶面50克，胡萝卜20克，香菇1朵，小油菜、黄花菜、猪肉各10克。

做法

1. 胡萝卜洗净，去皮，切出花形；香菇泡发，洗净，切丝；小油菜洗净，切丝；黄花菜泡发，切碎；猪肉洗净，切末；蝴蝶面煮熟。

2. 锅内放少许油烧热，放入肉末炒至变色，下胡萝卜、黄花菜、香菇翻炒，倒入适量开水煮至食材软烂，倒入蝴蝶面与小油菜略煮即可。

营养功效

此品富含碳水化合物、蛋白质等多种营养素，非常有利于宝宝的生长发育。

巧手妈妈

如果家里没有猪肉，妈妈可以用番茄碎代替，一样美味。

黄花菜虾仁龙须面

材料

黄花菜、虾仁各10克，龙须面50克。

做法

1. 黄花菜泡发，洗净，切碎；虾仁洗净，切碎。

2. 汤锅加适量清水，用大火烧沸后放入虾仁、黄花菜、龙须面，用中火煮熟即可。

营养功效

黄花菜虾仁龙须面含有丰富的多糖、蛋白质、维生素C、钙、胡萝卜素、硒等人体所必需的营养素。

巧手妈妈

给宝宝吃的黄花菜必须选用干黄花，不能用新鲜黄花，因为新鲜黄花菜中含有秋水仙碱，有小毒。

适合
10个月以上
宝宝食用

豆腐软饭

材料

豆腐1小块，大米30克，紫菜碎少许，胡萝卜1/2根，芹菜心1根。

做法

1. 豆腐洗净，切成小块；胡萝卜洗净，去皮，切碎；芹菜心洗净，切碎；大米淘净。
2. 将所有材料放入焖饭锅内，加适量水焖熟即可。

营养功效

此品饭软烂，味道鲜美，富含优质蛋白质、钙、胡萝卜素等多种营养。

巧手妈妈

对于大一点的宝宝，妈妈还可以用紫菜把饭包起来，做成紫菜包饭，让宝宝拿着自己吃。

适合
10个月以上
宝宝食用

鸡蛋小馒头

材料

面粉60克，配方奶2勺，鸡蛋1个，酵母适量。

做法

1. 将面粉与酵母、奶粉混合在一起，加入鸡蛋和适量清水揉匀，醒30分钟左右。
2. 将面团分切并揉成小馒头。
3. 将小馒头放入上汽的笼屉蒸15分钟左右即可。

营养功效

面粉经发酵制成馒头更容易消化吸收，有利于保护宝宝胃肠道。

巧手妈妈

为了刺激宝宝的食欲，妈妈还可以将揉好的面团做成各种形状，宝宝会爱不释手。

适合 10 个月以上 宝宝食用

太阳豆腐

材料
豆腐20克，鹌鹑蛋1个，胡萝卜1/2根。

调料
葱末、水淀粉各少许。

做法
1. 豆腐洗净，放入盘中，用勺子剜一小坑，把鹌鹑蛋打入小坑中；胡萝卜洗净，去皮，切丁，放在豆腐四周。
2. 将盘子放入蒸锅，水开后蒸10分钟，取出。
3. 油锅加热，将葱末炒香，加水淀粉勾芡，将芡汁淋在盘中即可。

营养功效
太阳豆腐含有优质蛋白质和钙，有利于宝宝骨骼发育。

巧手妈妈
也可以将胡萝卜换成其他蔬菜，或者按照菜的颜色做个多彩的太阳豆腐。

适合 10 个月以上 宝宝食用

什锦肉末

材料
猪肉20克，番茄1/2个，胡萝卜、柿子椒各10克。

调料
葱末少许。

做法
1. 番茄、胡萝卜洗净，去皮，切碎末；柿子椒洗净，切碎末；猪肉洗净，切末。
2. 将肉末、胡萝卜碎、柿子椒碎、葱末一起放入锅内，加适量水煮至肉软，再加入番茄碎煮至锅内所有材料软烂即可。

营养功效
猪肉含有丰富的优质蛋白质和脂肪，具有补肾养血、润肠补虚的功效。

巧手妈妈
猪肉要选择肥瘦相间的，如果太瘦，口感会有些柴。

适合10个月以上宝宝食用

适合11个月以上宝宝食用

鱼肉馄饨

材料
净鱼肉20克，馄饨皮数张，无沙紫菜2克。

调料
姜少许。

做法
1. 姜去皮，洗净，切末，冲入适量开水，调制成姜水。
2. 将鱼肉洗净，去刺、去骨，剁碎，加入姜水拌成馅，包入馄饨皮中。
3. 将包好的馄饨放入开水锅中，煮熟，起锅时可在汤中放少量撕碎的紫菜。

营养功效
鱼肉中的蛋白质易被宝宝吸收，其中的不饱和脂肪酸对宝宝的大脑发育也非常有利。

 巧手妈妈
妈妈将鱼洗净之后，先将大鱼刺剔出，再用刀背剁鱼肉，让小鱼刺刺进鱼皮里，然后用刀顺着鱼肉的纹理，将鱼肉刮下来就行了。

鸡肉青菜粥

材料
大米50克，鸡胸肉、水发木耳、小白菜叶各20克。

做法
1. 鸡胸肉洗净，切小丁；水发木耳、小白菜叶洗净，切碎；大米淘净。
2. 将大米、鸡胸肉、水发木耳一起放入奶锅中，加适量清水煮粥，煮至肉熟粥稠、大米开花时，加入小白菜叶续煮1分钟即可。

营养功效
这款断奶餐给宝宝提供了优质蛋白质、叶酸、维生素A及矿物质，有温中益气、健脾胃、强筋骨的功效。

 巧手妈妈
小白菜也可以换成其他叶菜，只要注意蔬菜不要煮太长时间即可。

适合
11 个月以上
宝宝食用

适合
11 个月以上
宝宝食用

香菇瘦肉粥

🥄 材料
大米30克，鲜香菇、猪瘦肉各20克，水发木耳、生菜各10克。

调料
姜丝、香油各少许。

做法
1. 香菇、猪瘦肉、水发木耳、生菜洗净，分别切丝；大米淘净。
2. 将大米放入奶锅中，加适量清水，大火煮沸后转小火煮至米开花，加入香菇、猪瘦肉、姜丝，熬出香味后再加入木耳、生菜，稍煮片刻，点入香油调味即可。

🍴 营养功效
此品富含多种维生素、微量元素、优质蛋白质，味道鲜美，非常适合宝宝食用。

紫薯银耳雪梨汤

🥄 材料
紫薯30克，雪梨50克，干银耳5克。

做法
1. 银耳用温水泡发，去蒂，撕成碎片；紫薯洗净，去皮，切小丁；雪梨洗净，去皮、去核，切小块。
2. 将紫薯、雪梨、银耳放入奶锅中，加适量清水，大火烧开后转中火煮约20分钟即可。

🍴 营养功效
此品富含花青素、多种维生素、蛋白质及多种矿物质，具有滋阴润肺的作用，非常适合上火的宝宝吃。

巧手妈妈
香油也可以用葱油：将橄榄油和葱一起下锅，中小火煎至葱变色后关火即可。

巧手妈妈
这道断奶餐建议妈妈用砂锅给宝宝做，这样银耳更容易煮烂。如果银耳没煮烂，一定不要给宝宝食用。

茄汁肥牛面片汤

适合
11 个月以上
宝宝食用

材料

面粉60克，鸡蛋1个，番茄1个，肥牛片20克，豌豆10克。

做法

1. 鸡蛋磕破，加适量水打散成蛋液；番茄洗净，去皮，切成小丁；豌豆洗净，焯水。
2. 将面粉加鸡蛋液、适量温水和成面团，用压面机把面团压成完整的面片。
3. 番茄入油锅翻炒至软烂，加适量清水煮开后用中大火继续煮至番茄化开、汤汁浓稠，下入面片，待面片快熟时下入豌豆和肥牛片，煮开即可。

营养功效

茄汁肥牛面片汤富含维生素、矿物质、蛋白质、脂肪、碳水化合物等，美味可口。

巧手妈妈

如果没有压面机，妈妈也可以自己将面团擀成面片，用刀切成方便宝宝食用的大小。还可以用模具扣出各种形状的面片。

红薯饼

适合
11 个月以上
宝宝食用

材料

红薯100克，面粉20克。

做法

1. 红薯洗净，上锅蒸熟，取出后去皮，用勺子捣碎成泥，加入温水和面粉，温水量以红薯保持软黏为度。
2. 取适量红薯面团用双手揉搓成小丸子，再用手掌按压成小圆饼。
3. 平底锅放少许油，将小圆饼放入，煎至两面略呈黄色即可。

营养功效

红薯中含有多种宝宝生长发育需要的营养物质，有补虚补血、健脾暖胃、防止便秘等作用。

巧手妈妈

红薯种类很多，黄皮黄肉的红薯软糯甜度适中，比较适合做饼。

虾末菜花

🥗 材料
菜花40克，鲜虾2只。

🍱 调料
生抽少许。

🥄 做法
1. 菜花洗净，放入开水中煮软后切碎。
2. 将鲜虾洗净，放入开水中煮后剥去皮，切碎，再加入少许生抽稍煮，使其具有淡咸味，倒在菜花上即可。

🍴 营养功效
此品味道鲜美，易消化，不但能增强肝脏的解毒能力，促进宝宝生长发育，还可提高宝宝免疫力。

适合
11个月以上
宝宝食用

👩 巧手妈妈
虾肉尽量切细碎一些，也可用料酒腌制一下后洗净，以免有腥味。

白玉土豆凉糕

🥗 材料
小土豆1个，鸡蛋清1个，面粉30克，酵母少许。

🍱 调料
白糖适量。

🥄 做法
1. 土豆洗净，去皮，放入蒸笼蒸熟，碾压成泥；将面粉装盘，放入蒸笼蒸30分钟。
2. 取蛋清加白糖搅打，待白糖化后加入熟面粉、酵母、土豆泥一起搅拌均匀。
3. 将拌匀的材料倒入方形模具中，放入笼屉内，上汽后蒸15分钟，待凉后取出切块即可。

🍴 营养功效
这款凉糕有养心益肾、健脾厚肠、清热止渴的功效，可预防宝宝口角炎、便秘，增强宝宝体力。

适合
12个月以上
宝宝食用

👩 巧手妈妈
如果怕凉糕粘锅，可以在笼屉内抹适量植物油或垫一张纸。

适合 12 个月以上 宝宝食用

巧手妈妈

豆腐可换成柿子椒、番茄、黄瓜、莲藕等，在蔬菜中填上肉馅蒸出来味道好，颜色鲜，营养也保全得好。

酿豆腐

材料

豆腐80克，猪肉20克，鸡蛋清1个。

做法

1. 豆腐洗净，切成5厘米的厚块，然后拿勺在中央挖出部分，不要挖透（挖出的部分捏碎放入馅料里）；猪肉洗净，切末。
2. 将肉末、豆腐碎加鸡蛋清拌匀，并填入豆腐口内。
3. 豆腐口向上码入碗中，大火蒸10分钟左右即可。

营养功效

这款酿豆腐鲜香嫩滑，营养丰富，含有不饱和脂肪酸、卵磷脂等，能够促进机体代谢，提高宝宝抵抗力。

适合 12 个月以上 宝宝食用

巧手妈妈

鲜虾放入冰箱冷冻半小时后再拿出来，会比较容易去壳。

杏鲍菇鲜虾豆腐汤

材料

鲜虾3只，杏鲍菇、豆腐各30克，鸡胸肉20克。

调料

葱花、姜片各少许。

做法

1. 鲜虾洗净，去壳、去虾线；杏鲍菇、豆腐分别洗净，切小块；鸡胸肉洗净，切小片。
2. 汤锅置火上，倒少许油烧热，炒香姜片，放入鸡胸肉翻炒至变色，加杏鲍菇翻炒均匀，添入适量清水，放入豆腐，大火烧开后转中火煮8分钟，下入鲜虾，待虾变色后续煮1分钟，撒上葱花即可。

营养功效

此汤能够提供优质的动物和植物蛋白以及钙、磷、钾和多种维生素，具有益气开胃、润肠通便功效，还能有效提高宝宝免疫力。

翟桂荣每日指导·断奶餐

芋头芹菜海米粥

材料
芋头30克，大米25克，芹菜、海米各20克。

做法
1. 芋头去皮，洗净，切碎丁；芹菜洗净，切碎丁；大米淘净；海米泡软，洗净，切碎。
2. 将大米入奶锅，加适量清水，煮开后改用小火续煮。
3. 另起炒锅，放少许油烧热，将海米爆香后放入芋头一起翻炒片刻，然后倒入粥锅中；待锅中的食材都煮至软烂后，放入芹菜拌匀即可关火。

营养功效
此品富含碳水化合物、钙、蛋白质，对宝宝发育非常有益。

适合
12 个月以上
宝宝食用

巧手妈妈
给芋头去皮，妈妈可以准备一锅滚水，把洗净的芋头直接丢入滚水中烫煮一下，捞出后，只要用菜刀由上而下轻轻划一刀，就可以毫不费力地除去外皮了。

莲藕玉米肉末粥

材料
莲藕、玉米粒、猪瘦肉、胡萝卜各20克，大米50克。

调料
香油、盐各少许。

做法
1. 莲藕、胡萝卜洗净，去皮，切小丁；玉米粒洗净；大米淘净；猪瘦肉洗净，切末。
2. 将大米放入锅内，倒入适量清水煮粥，煮开后转中小火煮10分钟，放入莲藕、玉米粒、胡萝卜、猪瘦肉，续煮约15分钟，加盐和香油调味即可。

营养功效
莲藕玉米肉末粥富含蛋白质、多种维生素、铁、镁、硒、维生素A等成分，具有清热凉血、通便止泻、健脾开胃的功效。

适合
12 个月以上
宝宝食用

巧手妈妈
在做粥时也可以放入1片姜，可以祛腥、暖胃，尤其适合宝宝在秋冬季节食用。

CHAPTER

4

断奶后期（10～12个月）

适合
12 个月以上
宝宝食用

适合
12 个月以上
宝宝食用

清蒸三文鱼

材料

净三文鱼50克，青甜椒1/2个。

调料

葱丝、姜丝、自制番茄酱各少许。

做法

1. 将三文鱼洗净，切小块，用刀划十字花刀，摆入盘中；青甜椒洗净，切细丝。

2. 将三文鱼放入蒸锅中，加入青椒丝、葱丝、姜丝，用中火蒸至鱼快熟时，淋上番茄酱，续蒸至鱼熟即可。

营养功效

清蒸三文鱼含有较多的脂肪、蛋白质、维生素A及钾、磷、镁、钙等，对宝宝神经系统及视网膜发育很有帮助。

海苔蒸鸡蛋

材料

鸡蛋1个，海苔少许。

做法

1. 将鸡蛋磕破打散，加适量温水搅匀；海苔剪碎。

2. 用滤网将蛋液过滤到蒸碗中，撇去蛋液表面的浮沫，放入海苔碎搅匀。

3. 将盛有鸡蛋液的蒸碗放到上汽的蒸锅中，用中火蒸10分钟左右至凝固即可。

营养功效

海苔蒸鸡蛋富含蛋白质、B族维生素、硒、碘、钙、磷、铁等营养素，对宝宝大脑发育和骨骼成长有益。

 巧手妈妈

妈妈在挑选三文鱼时可以用手轻压，迅速回弹且颜色呈自然粉色、看起来光泽度较好的比较新鲜。

 巧手妈妈

蒸蛋羹时蒸碗上要加盖，这样锅里的水就滴不到蛋羹了，蒸出的蛋羹更嫩。

适合
12 个月以上
宝宝食用

适合
12 个月以上
宝宝食用

麻酱冬瓜

材料
冬瓜100克，芝麻酱10克。

调料
香油少许。

做法
1. 冬瓜去皮除子，洗净，切小块；芝麻酱加适量温水调稀。
2. 汤锅置火上，放入冬瓜块，加入适量清水，大火烧开后转小火煮至冬瓜熟透。
3. 冬瓜捞出，淋上芝麻酱和香油搅拌均匀即可。

营养功效
此品补血补铁、清热排毒，有助于提高宝宝自身免疫力，促进宝宝生长发育。

 巧手妈妈

调芝麻酱的时候，温水要分次小量加入，每次都调匀后再加水至理想状态。

营养鱼松

材料
鱼肉（选用刺少肉多的鱼类）100克。

做法
1. 鱼肉洗净，放蒸锅内蒸熟，去骨去皮。
2. 炒锅放油，小火加热，将鱼肉倒入锅内翻炒，待鱼肉香酥时，再翻炒几下即成鱼松。

营养功效
鱼肉肉质细嫩，比畜禽肉更易为宝宝吸收。鱼肉中的维生素D、钙、磷等对宝宝骨骼发育有益；DHA和EPA的含量也很丰富，有利于宝宝的智力发育。

巧手妈妈

鱼松在吃的时候可以按宝宝喜好，配以其他蔬菜、粥、泥等。

香蕉牛奶布丁

材料
香蕉50克，果冻粉2克，配方奶30克。

做法
1. 香蕉去皮，切成小丁；配方奶按照比例冲调好。
2. 将果冻粉与配方奶置入奶锅中拌匀，用小火加热至果冻粉完全溶解，即可倒入模具中。
3. 等布丁液半凝固时，再将香蕉丁放入其中，待完全冷却后即可扣出食用。

营养功效
香蕉牛奶布丁不仅营养丰富，富含钙、碳水化合物、蛋白质及多种维生素，还容易入口，可作为宝宝饭后的小点心。

适合
12个月以上
宝宝食用

巧手妈妈
为了断奶餐口味更清淡，妈妈也可以直接买琼脂或鱼胶粉来替代含糖的果冻粉。不过这是款甜点，宝宝不宜多吃。

豆腐胡萝卜鲜虾饺

材料
面粉、胡萝卜各60克，鲜虾3只，豆腐20克，紫菜1小片。

做法
1. 胡萝卜洗净，去皮，用擦子擦成短细丝；鲜虾处理干净，放入搅拌机，加少许清水打成虾泥；豆腐冲净，捻碎；将胡萝卜丝、虾泥、豆腐碎混合拌匀制成馅；紫菜撕碎。
2. 面粉加适量清水和成面团，搓成长条，做成小剂子，擀成小圆皮，包入馅，做成小饺子。下沸水煮熟，盛碗时撒入紫菜碎即可。

营养功效
本品富含优质蛋白质、碳水化合物、脂肪、多种维生素及钙、钾、铁等矿物质，营养丰富，入口滑嫩，美味可口。

适合
12个月以上
宝宝食用

巧手妈妈
为了增加饺子的口感，在和面的时候还可以加入一个鸡蛋，这样更有营养。

适合
12个月以上
宝宝食用

红薯小窝头

材料

红薯80克，胡萝卜40克，玉米面30克。

做法

1. 将红薯、胡萝卜洗净后蒸熟，取出凉凉后剥皮，挤压成细泥。
2. 用热水和好玉米面，加入红薯泥和胡萝卜泥拌匀，分小剂，揉成小窝头；放进蒸笼，用大火蒸10分钟即可。

营养功效

此品选用的红薯、胡萝卜、玉米都是富含多种维生素、矿物质和膳食纤维素的食材，具有健脾益智、防便秘、助消化的功效。

巧手妈妈

如果担心粗粮太多，宝宝消化不了，也可以少加点红薯和玉米面，适当加点白面。

适合
12个月以上
宝宝食用

鸡蛋面包

材料

全麦面包1片，鸡蛋1个。

做法

1. 鸡蛋打散成蛋液；将全麦面包切成大小合适的小块，均蘸上蛋液。
2. 煎锅中放入少许油加热，将全麦面包煎至金黄即可。

营养功效

鸡蛋含丰富的优质蛋白质，与谷类食品混合食用，可以让鸡蛋中的营养素更好地被宝宝吸收，促进宝宝健康成长。

巧手妈妈

这款面包做好后，妈妈可以用吸油纸吸去面包上多余的油，把面包切成手指形状，以便宝宝自己拿着吃。

第三节 新手妈妈问答

Q 宝宝很爱吃东西，为什么还会营养不良？

A 有的家长很不能理解，为什么宝宝很爱吃，可是还会营养不良？其实家长认为的"吃得多、吃得好"，有可能进入了饮食误区。

● **食不厌精，营养大减**

对于处在发育期的婴幼儿，家人出于好意专门给他们选用精制米面，为的是追求营养，殊不知长期如此不但无法使他们获得全面营养，反而会导致B族维生素缺乏。因此，对于处于生长发育期的宝宝，应讲究膳食的粗细搭配，适当摄入麦片、小米粥、薯类等粗粮。给宝宝补充营养，并非在于食物价格的昂贵和难得，而应该是平衡膳食，补得适当而及时。

● **烹饪不当，维生素"受伤"**

叶酸缺乏性贫血在小儿贫血患者中相当常见，另外，有的宝宝还会出现便秘、腹泻、腹胀，有的经常口舌发炎，有的精神不集中、健忘、容易发脾气等。不当的烹饪加工方式是导致叶酸缺乏最主要的原因。对于绿叶菜，应该用热锅快炒，随切随炒，随炒随吃。菜切碎后也不要放太长时间。洗菜也不应浸泡时间过长，如果怕有残留农药，可以用水多次冲洗。

● **偏食挑食，不知不觉营养不良**

现在是宝宝快速发育时期，如果宝宝挑食、偏食，只吃自己喜欢的，很容易导致某种元素的长期缺乏。

由此可见，吃得好并不等于营养就好，平衡膳食才是关键。希望父母能走出误区，不要让孩子表面上长得白白胖胖，实际上却营养不良。

Q 宝宝对硬一点的食物有点抗拒，可不可以一直给软烂的食物？

A 正常情况下，宝宝10个月左右乳牙都会逐渐长出来。乳牙是宝宝咀嚼器官的重要组成部分，乳牙萌出时宝宝通常都会因为不适感而经常磨牙，具体表现为喜欢把东西放进嘴里咀嚼。练习咀嚼有利于宝宝胃肠功能发育，有助于出牙，还有利于头面部骨骼、肌肉的发育。

有的宝宝对硬一点的食物有点抗拒，但如果依然给宝宝吃软烂的食物，最终会延缓宝宝学吃的过程，也会影响牙齿和颌骨的发育。这时父母要耐心地教宝宝正确的咀嚼方式。家长可以坐在宝宝对面，告诉宝宝："来，妈妈一口，你一口。看，吃进去，嚼几下，在往下咽。"一边说，一边示范咀嚼动作。

Q 宝宝可以与大人一起吃饭吗？

A 这个时期的宝宝已经可以吃较多品种的断奶餐了，吃饭的时间可以调整到与大人一起。将宝宝的断奶餐放到餐桌上与大人一起就餐。大人对食物的喜好会影响宝宝，此时应培养宝宝规律进食的习惯，避免宝宝偏食、挑食。

Q 宝宝不爱吃断奶餐，可以吃大人的饭菜吗？

A 此时，宝宝的肠胃还没有发育成熟，宝宝也不能吃味精等调味品。而大人的饭菜，无论从口味上还是软硬程度上，都不适合1岁以内的宝宝食用，所以，大人的饭菜是不可以给宝宝吃的，宝宝还是应该吃单独制作的断奶餐。

Q 宝宝不爱吃蔬菜怎么办？

宝宝不吃蔬菜容易缺乏维生素，此时不要用强迫或者诱骗的方式让宝宝吃蔬菜，这样做只会让他更加反感吃蔬菜。

1. 做菜时要讲究烹调技术和方法，要适合宝宝的年龄特点。由于宝宝年龄小，牙齿发育不全，咀嚼能力差，做菜时应把菜切得碎些，炖得烂些。同时注意色彩搭配，平时经常变换花样，以引起孩子的食欲。

2. 饭前可以给宝宝看一些色彩鲜艳的蔬菜图片，并讲解各种蔬菜的营养价值，对宝宝身体发育的作用。平时尽量少给宝宝吃零食，并且多让其活动。只有这样，孩子才有食欲，才愿吃菜。

3. 对不愿吃菜的孩子可先让他喝菜汤，适应之后逐渐加菜，尽量少盛多添。家长对孩子的点滴进步应及时鼓励，以增强他们的自信心。

4. 父母应起榜样作用，吃饭不挑食，切忌对着宝宝说这菜不好吃那菜不好吃。或宝宝不喜欢吃某种蔬菜，就不再做那种菜，这样做反而会减少宝宝尝试接受这种菜的机会。

5. 如果宝宝实在不愿吃某一种菜，不要强迫他，避免宝宝边吃边哭，一旦养成一吃饭就哭的坏习惯，必将影响孩子的身心健康。

Q 如果宝宝长时间不肯进食某一类食物，该怎样平衡呢？

A 食物的多样化、均衡性和饮食的适度化、个体化是平衡饮食的关键。所以如果宝宝不爱吃某一类食物，父母要注意其他食物的合理搭配。同时，要找到宝宝不爱吃这类食物的原因，尽量去解决。

其实，引起宝宝偏食的主要原因是从小养成的不良饮食习惯，还有家长烹调食物时不注重食物的色、香、味。食物要做得美味可口，宝宝才会喜欢吃。

10个月的宝宝食欲下降正常吗？

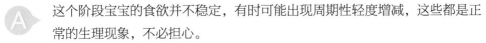

这个阶段宝宝的食欲并不稳定，有时可能出现周期性轻度增减，这些都是正常的生理现象，不必担心。

宝宝在夏季往往食欲不振、厌食或食量减少，这是由于机体为了调节体温，较多血液流向体表，内脏器官血流供应相对减少，以致影响胃酸分泌，导致消化功能降低；加上天气闷热，小儿休息、睡眠欠佳，神经中枢处于紧张状态，体内某些内分泌腺体的活动水平也有改变，这些均会影响胃肠的活动。

另一个影响因素是由于大量饮水，使胃液被冲淡，以致食欲大减。此外，对喜爱的食物失去兴趣，生活中的种种因素也会影响食欲。所以，只要宝宝精神状态良好，单纯的食欲下降不需要过于介意。

 宝宝现在都会用手抓食物吃吗？此时要注意些什么？

这个阶段的宝宝大部分手的动作灵活多了，且好奇心很强，什么都想抓着玩，吃饭的时候也想抓饭玩。家长应该鼓励，不要因为担心不卫生而一味地阻止宝宝，应该从积极的方面采取措施。

可以把宝宝的手洗干净，给宝宝围上围嘴或穿上罩衣，在他坐的周围铺一块塑料布等。这样即使饭碗翻倒了也没有关系。另外，为了避免宝宝将食物撒得遍地都是，宝宝的饭碗里每次只放一点食物就好。

及早让宝宝学会自己进餐，不仅有助于强化宝宝对食物的认识，而且有助于吸引宝宝对进餐的兴趣，并在进食的过程中锻炼他的手眼协调能力、生活自理能力，对培养其自信心也有一定的好处。

 宝宝将食物咀嚼后吐出来是为什么？

宝宝吐食物，如果不是身体原因，大都是因为嘴里的食物太大、太多，或食物太干，没有水分。所以，给宝宝喂食时不要一次喂太多，并且可以让食物水分多一些，也可以在断奶餐里加一些水淀粉，以增加食物的黏性。

Q 临睡前喂奶宝宝睡得很香，但这样是不是容易患龋齿？

A 很多宝宝6个月左右乳牙开始萌出，到1岁时已经长出6～8颗乳牙。而这个阶段，许多家长为了宝宝晚上睡得香，仍喜欢给宝宝临睡前喝奶，或者半夜醒来喝一顿夜奶，这样做会增加宝宝患龋齿的风险。

对于小于1岁的宝宝，晚上喝奶尤其是喝完夜奶后应该刷牙，或者用纱布蘸水清洁口腔。如果宝宝抗拒上述清洁举措，至少要喝点水冲淡口腔黏膜上的残留物，再去睡觉。否则，日积月累就有发生龋齿的风险。

Q 需要给宝宝补充益生菌吗？

A 益生菌虽然对人体健康有益，但这类食品尤其是保健品不要滥服。益生菌在肠道中对人体是有益的，但如果肠道黏膜有损伤或免疫系统异常，益生菌过多并且进入其他器官，可能就不是好事了。所以不建议长期给宝宝服用益生菌。可以在宝宝消化吸收有问题的时候给宝宝服用适量的益生菌产品，如宝宝出现便秘、腹泻、湿疹等，可在医生指导下服用合适的益生菌。当宝宝情况好转或者消化吸收正常的时候就应停止服用。平时喂养要注意科学合理，给宝宝养成良好的生活起居习惯。

Q 宝宝发热为什么不能吃鸡蛋？

A 宝宝发热是不可以吃鸡蛋的，这是因为鸡蛋内的蛋白质在体内分解后，会产生一定的额外热量，使机体热量增高，加剧发热症状，并延长发热时间，增加患儿痛苦。不仅鸡蛋不能吃，其他一些高蛋白食物如肉、鱼类等，还有补益作用的食物，如枸杞子等均不能吃。可以多给宝宝吃流质或半流质易消化食物。

Q 可以给宝宝吃零食吗?

A 现在的宝宝刚好在长牙,可以适当给宝宝吃婴儿泡芙、磨牙棒、自制小蛋糕,或者用黄瓜条、胡萝卜条代替也是可以的。也可以给宝宝榨果汁或蔬菜汁喝,补充矿物质和维生素,预防便秘。其他零食因为含有较多添加剂且多为高热量、高盐、高脂食品,现在宝宝的肠胃发育还不完全,所以最好不好给宝宝吃。

Q 宝宝可以喝茶吗?

A 有研究表明,喝绿茶可以防龋齿,但3岁以内的幼儿不宜饮茶。因为茶叶中含有大量鞣酸,会干扰人体对食物中蛋白质、钙、锌、铁的吸收,导致婴幼儿缺乏蛋白质和矿物质而影响其正常生长发育。而茶叶中的咖啡因具有很强的兴奋作用,还可能诱发小儿多动症。

Q 如何控制宝宝吃断奶餐的速度?

A 有的宝宝吃断奶餐速度很快,要解决这个问题,妈妈应注意以下几方面:

1. 如果宝宝已经很饿或者断奶餐很好吃,宝宝自然会吃得比较急或比较快。妈妈可以每次提前30分钟喂食。

2. 如果宝宝习惯吃得很急、很快,妈妈必须确保食物足够细滑、容易吞咽,以免宝宝呛到。

3. 妈妈在喂一两口食物后,可以等宝宝吞下以后再喂下一口。

其实,等宝宝长出牙齿,就会放慢自己用餐的速度了,所以妈妈不用太过担心。

Q 宝宝不爱吃肉怎么办?

A 给宝宝选择肉类可以遵循下面的原则:

1. 精挑细选,让宝宝爱上肉的味道。给宝宝应该挑选嫩而滑的肉;不同月龄要求肉类的性状也要不同。

2. 巧搭配,让宝宝爱上肉的颜色。肉类搭配蔬菜既可改善外观,又可以使蔬菜更鲜美。

3. 变换花样,让宝宝爱上肉的形状。不要过于死板地将肉切成方块,可以切成丁、丝或者其他形状,以引起宝宝吃的欲望。

第四节 断奶后期营养饮食推荐表

时间	星期一	星期二	星期三	星期四	星期五	星期六	星期日
6:00~6:30	母乳/配方奶120毫升，红薯饼1块	母乳/配方奶120毫升，小馒头1个	母乳/配方奶120，糊塌子1小块	母乳/配方奶120毫升，鸡蛋面包1块	母乳/配方奶120毫升，蔬菜饼1块	母乳/配方奶120毫升，白玉土豆凉糕1块	母乳/配方奶120毫升，红薯小窝头1块
8:00	猕猴桃胡萝卜汁30~50毫升	西瓜柳橙汁30~50毫升	番茄西瓜汁30~50毫升	雪梨芹菜汁30~50毫升	胡萝卜芹菜汁30~50毫升	葡萄柚菠萝汁30~50毫升	白萝卜苹果水30~50毫升
9:30~10:00	苹果半个	梨半个	草莓3颗	橘子半个	猕猴桃半个	火龙果1小块	蓝莓10颗
11:30~12:00	莲藕玉米肉末粥1小碗，配虾末菜花	二米饭1小碗，配什锦肉末	黄花菜虾仁龙须面1小碗，配麻酱冬瓜	豆腐软饭1小碗，配胡萝卜番茄汤	五彩鱼粥1小碗，配太阳豆腐	香菇瘦肉粥1小碗，配海苔蒸鸡蛋	什锦蝴蝶面1小碗，配虾仁豆腐羹
14:00~14:30	母乳/配方奶120毫升，饼干15克	母乳/配方奶120毫升，馒头片15克	母乳/配方奶120毫升，磨牙棒15克	母乳/配方奶120毫升，面包干15克	母乳/配方奶120毫升，鸡蛋布丁20克	母乳/配方奶120毫升，南瓜饼20克	母乳/配方奶120毫升，小蛋糕15克
18:00~18:30	五彩鱼粥1小碗，配胡萝卜泥	三色猪肝粥1小碗，配麻酱冬瓜	肉蛋豆腐粥1小碗，配拌莴笋丝	虾仁龙须面1小碗，配胡萝卜土豆肉末泥	茄汁肥牛面片1小碗，配黄瓜炒鸡蛋	芋头咸粥1小碗，配清蒸三文鱼	鱼肉馄饨1小碗，配洋葱炒木耳
21:00~21:30	母乳/配方奶200毫升	母乳/配方奶200毫升	母乳/配方奶200毫升	母乳/配方奶200毫升	母乳/配方奶200毫升	母乳/配方奶200毫升	母乳/配方奶200毫升

5 断奶结束期
（13～18个月）

男宝宝·

第13个月身高平均为78.0厘米，体重平均10.6千克；

第14个月身高平均为79.1厘米，体重平均10.8千克；

第15个月身高平均为80.3厘米，体重平均10.9千克；

第16个月身高平均为81.1厘米，体重平均11.0千克；

第17个月身高平均为82.0厘米，体重平均11.2千克；

第18个月身高平均为82.7厘米，体重平均11.3千克。

女宝宝·

第13个月身高平均为76.5厘米，体重平均9.7千克；

第14个月身高平均为77.7厘米，体重平均9.9千克；

第15个月身高平均为78.9厘米，体重平均10.1千克；

第16个月身高平均为79.6厘米，体重平均10.3千克；

第17个月身高平均为80.3厘米，体重平均10.5千克；

第18个月身高平均为81.6厘米，体重平均10.7千克。

第一节 断奶餐喂养须知

宝宝可以尝试固体食物

大多数父母在宝宝1岁以后开始给他真正喂食固体食物，而在这之前，主要是喂半固体食物。无论宝宝是否能够咀嚼和吞咽固体食物，当宝宝到了13个月，都应该让宝宝学习吃固体食物，以保证宝宝断奶后的营养摄入。

● **为什么一定要吃固体食物**

宝宝的咀嚼功能不是天生就具备的，是在后天锻炼中逐步形成的，如果妈妈一直不让宝宝吃固体食物，宝宝可能到了上小学都不能很好地咀嚼固体食物而把饭菜吞咽下去。

● **添加固体食物的注意事项**

1. 宝宝在最初吃固体食物时，可能会反复把食物吐出来，有的宝宝会呛着。妈妈不要着急，要给宝宝一个学习、适应的过程。

2. 食物不要过热，宝宝口腔黏膜比较娇嫩，对热也比较敏感，宝宝可能会因为怕烫而拒绝吃固体食物。

3. 在喂宝宝固体食物时，要注意防止气管异物。不能喂宝宝脆硬的豆类或菜丁，不能直接给宝宝吃花生、瓜子等坚果类食物。

4. 宝宝吃饭时不要逗宝宝笑，不能让宝宝边跑边吃。

断奶餐要注意补充卵磷脂

人类在2岁之前完成大脑发育的60%，故婴幼儿阶段是大脑发育的关键时期，而卵磷脂对大脑及神经系统的发育起着非常重要的作用。所以，婴幼儿必须摄入足量的卵磷脂，断奶餐中应该注意补充卵磷脂。充足的卵磷脂可提高神经细胞间的信息传递速度及准确性，并促使信息通道进一步建立和丰富，使宝宝反应迅速，学习能力增强。

断奶餐将过渡为主要营养来源

1岁以后，宝宝应该要逐渐告别母乳，饮食也要从吃辅食逐步过渡到全食了。营养专家建议：奶类食品与固体食物的比例应为2：3。所以从这个时期开始，断奶餐将是宝宝主要的营养来源。

保证宝宝基本营养成分由以下4类食物组成：

1. 鱼类、禽畜、鸡蛋。

2. 奶制品。

3. 水果和蔬菜。

4. 谷薯类及杂粮。

当你设计宝宝的菜单时，要记住营养均衡是宝宝健康成长的关键，给他们准备的食物要可口，款式要多变，种类也要多变，以满足宝宝的生理及心理需求，保证宝宝健康成长。

每天仍需要补充一定量的奶类

一般而言，1岁以后的宝宝的吃奶量不宜过多，每天400～500毫升为宜，过多或过少对宝宝都会产生不良影响，一般1岁后的宝宝已经算是幼儿，在食物选择方面可以不再有那么多的忌讳，食物种类、形态、做法更丰富。宝宝1岁以后，即将结束断奶期，此时吃奶过多反而可能造成宝宝消化不良，或者加重宝宝对奶的依赖而延迟正常进餐的进度。

有些1岁的宝宝可能不爱吃奶了。若是1岁宝宝不喜欢吃奶，建议父母不要采用强迫手段，可以改变喂食方式、营造用餐环境、适时添加辅食，积极应对宝宝出现的各种变化。

形成良好的用餐习惯

进入1岁的宝宝，咀嚼、消化和吸收能力已有了很大的提高，他们的饮食也应该进入一个新阶段，即不再以奶类为主食，而是要增加宝宝食品的数量和种类，使他们摄入的营养能满足其智力和身体发育的需要。这个时期的宝宝已经学会了自己使用小勺，他们很乐于坐在桌前跟父母一起吃饭。

由于宝宝经常会与全家人一起吃饭，所以父母的饮食习惯会潜移默化地影响宝宝，因此，父母决不能掉以轻心，应努力为宝宝合理安排好每一次正餐，使他们形成规律的用餐习惯，用餐要按时按点，保证一日三餐，父母不能因为自己的原因而耽误宝宝的任何一次正餐。

不要过度关注宝宝吃饭

不要在孩子面前表现出过度的关注。有的家长总担心宝宝吃不饱，希望宝宝多吃点而强迫其吃饭，这有可能会造成宝宝对食物的厌倦，甚至拒绝吃饭；有的家长为了让宝宝多吃，会用一些条件来引诱，这可能会让孩子将吃饭作为撒娇玩耍的工具。家长可以在旁边细致观察，必要时进行引导，帮宝宝养成良好的用餐习惯。

帮助宝宝自己动手学吃饭

1岁的宝宝会喜欢跟成人在一起上桌吃饭，不能因为怕他"捣乱"而剥夺了他的权利。其实，宝宝在自己动手的过程中，慢慢就学会了吃饭技巧。

1.妈妈可以准备两把勺子，一把给宝宝，另一把自己拿着，让宝宝练习用勺子。

2.教宝宝用拇指和食指拿东西。

3.给宝宝做一些能够用手拿着吃的东西，让他感受自己吃饭是怎么回事。

要控制宝宝的进餐时间

为了宝宝的健康，家长要适当控制宝宝每次的进餐时间，可试试下面的这些方法：

1. 在吃饭时间不做其他事情。如边吃饭边看电视，边吃饭边教育宝宝，边吃饭边游戏等。

2. 不让宝宝吃饭时离开饭桌。让宝宝坐在餐椅里，可避免宝宝到处跑。

3. 家长不要追着宝宝喂饭，也不要呵斥宝宝。

4. 确定每次吃饭用时。最好在半小时内完成吃饭，不要无限延长吃饭时间。

5. 增强宝宝对"一顿饭"与"下一顿饭"的时间概念，就算半个小时内宝宝没吃几口饭菜，也不要一直把饭菜摆在饭桌上，这样并不利于形成饥饱感，对进餐无益。

6. 父母的模范作用。不希望宝宝做的，父母首先不要做。

为宝宝准备饭菜的基本原则

宝宝1岁后，能够吃的食物越来越多，也将逐步过渡到与大人一样要吃正餐了，那么，给宝宝准备饭菜有哪些基本原则呢？

1. 少放盐。宝宝不能吃过多的食盐，做菜时要少放盐。

2. 少放油。摄入过多油脂会出现脂肪泻，也影响宝宝食欲。

3. 不要太硬。宝宝咀嚼和吞咽功能还不是很好，宝宝会因为咀嚼困难而拒绝吃菜。

4. 菜要碎些。如果菜肴切得过大，宝宝就需要多咀嚼，很容易疲劳。

5. 适当调味。这时给宝宝的饭菜也要适当调味，宝宝喜欢吃有滋有味的饭菜。

6. 给宝宝自己吃饭的自由。父母有义务为宝宝准备应该吃的食物，宝宝有权利选择他喜爱吃的食物。"应该吃"与"喜爱吃"能做到基本一致，宝宝饮食就没什么问题了。

7. 品种多样。一周之内，同样的饭菜，最多只能重复一次。

给宝宝的断奶餐里要少放油、盐，摄入过多油脂会出现脂肪泻，摄入味道过于浓郁的食物会损害宝宝的味蕾，对以后正常进餐、培养良好的用餐习惯不利。宝宝应吃味道鲜美、清淡的饮食。

断奶餐食谱推荐

适合
13个月以上
宝宝食用

什锦猪肝粥

材料

大米粥50克，猪肝30克，胡萝卜、番茄、小油菜各10克。

调料

鸡汤适量，姜丝、葱花、盐、香油各少许。

做法

1. 猪肝收拾干净，切碎；胡萝卜、番茄洗净，去皮，切碎；小油菜洗净，焯水后切碎。
2. 将猪肝、胡萝卜放入奶锅，加鸡汤煮熟，倒入番茄、小油菜和大米粥，加少许盐，续煮2分钟，滴入香油，撒上葱花搅匀即可。

营养功效

此粥富含铁、蛋白质等，可补铁补血。

巧手妈妈

刚买回的鲜猪肝应该放在水龙头下冲洗干净，然后切成片，放在淡盐水中浸泡30分钟，并多次换水至水清为止。

适合
13个月以上
宝宝食用

时蔬鸡肉通心粉

材料

通心粉50克，鸡胸肉30克，红甜椒1/2个，洋葱40克，鸡蛋1个。

调料

盐、料酒、水淀粉各少许。

做法

1. 鸡胸肉洗净，切末，用调料腌制10分钟；洋葱、红甜椒洗净，切小丁；鸡蛋磕入碗中打散，入油锅煎成薄饼，凉凉后切小块。
2. 通心粉放入奶锅中，加适量清水煮熟，过凉，捞起沥干水分。
3. 油锅烧热，炒香洋葱，下入鸡胸肉炒熟，放入红甜椒翻炒，再放入通心粉、鸡蛋炒匀，加少许盐调味即可。

巧手妈妈

通心粉有多种形状，时常变换有利于增强孩子的进食兴趣。

适合
13个月以上
宝宝食用

适合
13个月以上
宝宝食用

炒挂面

🥄 材料

儿童挂面20克，大虾1只，胡萝卜、小油菜各20克。

🥄 做法

1. 儿童挂面煮熟，切断；大虾洗净，去壳、去虾线，切碎；胡萝卜洗净，去皮，切碎；小油菜洗净，切碎。
2. 油锅烧热，放入胡萝卜，待变色后加入大虾，待虾变色后加入小油菜碎，翻炒1分钟后加入挂面，翻拌均匀即可。

🍴 营养功效

此品口味鲜美，富含多种维生素和矿物质，并且富含优质蛋白质，很适合宝宝食用。

🤱 巧手妈妈

对于新鲜的大虾，妈妈一定要把虾线处理干净。可以准备一根牙签，从虾头和虾身的连接处向下数第3个关节处用牙签将虾线挑出。

果仁玉米粥

🥄 材料

花生米、核桃仁、熟黑芝麻、熟白芝麻各15克，玉米糙30克。

🍱 调料

白糖少许。

🥄 做法

1. 花生米、核桃仁洗净，与熟黑芝麻、熟白芝麻一起放入搅拌机打碎。
2. 锅中加适量清水煮开，放入玉米糙煮开后，将打碎的花生米、核桃仁、熟黑芝麻、熟白芝麻及白糖倒入锅中搅匀，至再次开锅，续煮2分钟即可。

🍴 营养功效

果仁玉米粥富含膳食纤维、卵磷脂、脑磷脂、锌、硒、维生素E等，对宝宝的脑部发育非常有好处，还具有通便、壮骨的作用。

🤱 巧手妈妈

如果宝宝已经能很好地吃断奶餐，食材也可以不经过搅拌机打碎，只要处理得细碎一些即可。

CHAPTER

5

断奶结束期（13～18个月）

适合
13个月以上
宝宝食用

适合
13个月以上
宝宝食用

三色软饭

🥄 材料
西蓝花、南瓜、鸡肉各20克，软饭50克。

🥄 做法
1. 西蓝花洗净，掰成小朵，入沸水焯烫，捞出；南瓜洗净，去皮、去子，切小丁；鸡肉洗净，切薄片，焯烫后捞出，撕碎或切碎。
2. 把包括软饭在内的所有食物装盘，淋入适量清水，入蒸锅蒸熟即可。

🍴 营养功效
这是一款色香味形俱佳的主食，富含优质蛋白质、必需脂肪酸、碳水化合物、钙、磷、铁、锌及多种维生素，给宝宝提供均衡的营养，还有利于宝宝牙齿的发育。

番茄面包鸡蛋汤

🥄 材料
番茄1/2个，鸡蛋1个，面包2/3个。

🥄 调料
盐少许。

🥄 做法
1. 番茄洗净，去皮，切小三角块；鸡蛋磕破打入碗中，加盐调匀。
2. 在奶锅里加入适量清水与番茄，大火煮开后，将面包撕成小粒加入小锅中，转中小火煮3分钟，再将鸡蛋加入锅中，打出漂亮的鸡蛋花，续煮2分钟，至面包软烂即可。

🍴 营养功效
此汤味咸甜，能为宝宝提供丰富的碳水化合物、多种维生素、蛋白质以及多种微量元素，对宝宝身体发育很有好处。

 巧手妈妈
随着宝宝的长大，妈妈也可以适当增加米饭的硬度，以利于锻炼宝宝的咀嚼能力。

 巧手妈妈
对于大一些的宝宝，如果要让面包有口感，面包粒也可以在打完鸡蛋花后再放入。

翟桂荣每日指导·断奶餐

适合
14个月以上
宝宝食用

适合
14个月以上
宝宝食用

甜椒炒绿豆芽

材料
甜椒1/2个，绿豆芽80克。

调料
料酒、盐、醋各少许。

做法
1. 甜椒去蒂、去子、洗净，切细丝；绿豆芽去杂质，洗净。
2. 油锅烧热，下甜椒煸炒，放入料酒，淋入少许醋，然后投入绿豆芽，加入盐调味，继续煸炒至熟即可。

营养功效
绿豆芽含有丰富的膳食纤维、蛋白质、多种维生素，能预防宝宝贫血、便秘。

巧手妈妈
为了宝宝吃得安全健康，妈妈可以买来绿豆自己在家发绿豆芽。

什锦蛋丝

材料
鸡蛋1个，青甜椒、胡萝卜各20克，鲜香菇1朵。

调料
盐、水淀粉、香油各少许。

做法
1. 将鸡蛋的蛋清与蛋黄分开，分别煎成薄饼，切成蛋黄丝与蛋白丝；香菇洗净，切丝；青甜椒洗净，去子，切丝；胡萝卜洗净，去皮，切丝。
2. 锅中放少许油烧热，放入胡萝卜丝、香菇丝、青甜椒丝煸炒至熟，放入蛋白丝和蛋黄丝，加入盐翻炒均匀，加入水淀粉勾芡，再淋入香油即可。

营养功效
此品富含维生素和铁，还含有人体必需的赖氨酸、卵磷脂、脑磷脂，为宝宝大脑发育提供不可或缺的营养。

巧手妈妈
分离蛋白与蛋黄时，可以在鸡蛋小头一端磕出一个小口，然后倒过来，蛋清会慢慢流出，然后磕破蛋壳就可取出完整的蛋黄。

适合
14个月以上
宝宝食用

适合
14个月以上
宝宝食用

鸡蛋鱼肉

🥢 材料
鸡蛋1个，鸡蛋清1个，草鱼肉30克。

🍱 调料
盐、料酒、醋、水淀粉各少许。

🥄 做法
1. 鸡蛋打入小碗内，搅匀；草鱼肉洗净，去骨、刺，切成小丁，放入大碗内，加入少许料酒、盐抓匀，加入鸡蛋清、水淀粉上浆。
2. 将草鱼肉放入温油（五六成热）中滑透捞出，控净油，放入鸡蛋液碗内。
3. 油锅烧至四成热时，将蛋汁鱼肉下入煸炒，待成形时加入少许水，大火收汁，加入盐和醋稍炒即可。

🍴 营养功效
此品含有丰富的不饱和脂肪酸、优质蛋白质和多种营养素，为宝宝成长提供了丰富的营养，具有健脾开胃、明眼补虚的功效。

 巧手妈妈
此品一定不要把鸡蛋炒老了，否则会影响口感。

什锦烩饭

🥢 材料
大米50克，牛里脊肉20克，胡萝卜1/5根，土豆1/3个，豌豆10克，熟鸡蛋黄1个。

🍱 调料
盐少许，牛肉汤适量。

🥄 做法
1. 牛里脊肉洗净，切碎；胡萝卜、土豆洗净，去皮，切碎；豌豆洗净；大米淘净；熟鸡蛋黄碾碎。
2. 将大米、牛里脊肉、胡萝卜、土豆、熟鸡蛋黄、豌豆与牛肉汤放入电饭煲按常规方法煲饭，熟后加盐拌匀即可。

🍴 营养功效
此品含有优质蛋白质、碳水化合物、维生素及钙、磷、钾、镁、钠等，健脾胃、强筋骨，为宝宝成长提供均衡营养。

 巧手妈妈
因为是什锦烩饭，里面的材料可以根据家里现有的食材做科学搭配。

适合
14个月以上
宝宝食用

胡萝卜猪肉饼

🥄 材料
胡萝卜、猪瘦肉各50克，面粉60克，蒜苗叶少许。

🍲 调料
姜碎、盐、香油各少许。

🥄 做法
1. 猪瘦肉洗净，切小丁；胡萝卜洗净，去皮，切小丁；蒜苗叶洗净，切碎。
2. 将猪瘦肉、胡萝卜、姜碎一起加入料理机打成馅，放入一个大容器里，加入蒜苗叶、香油、盐、面粉搅拌均匀制成胡萝卜肉糊。
3. 平底锅涂上一层薄油，开中小火，舀一小勺胡萝卜肉糊放入锅中，拍平，烙几分钟至底部发黄，再翻个面烙几分钟，重复几次直到饼熟即可。

🍴 营养功效
此品含有丰富的维生素A、蛋白质，有健脾和胃、补肝明目、清热解毒等功效，利于宝宝的生长发育。

 巧手妈妈
往锅里放的面糊一定不要太厚，否则烙饼中间不容易熟。

适合
14个月以上
宝宝食用

罗宋汤

🥄 材料
土豆、牛肉各30克，圆白菜20克，洋葱、胡萝卜各10克。

🍲 调料
番茄酱适量。

🥄 做法
1. 牛肉浸泡，去血水，切碎丁；土豆、胡萝卜、番茄洗净，去皮，切碎丁；圆白菜洗净，切碎。
2. 油锅烧热，放入洋葱、牛肉煸炒片刻，待肉质紧缩，倒入汤锅内，加适量清水用大火烧开后，加入土豆，转用中小火焖煮至牛肉九成熟，加圆白菜、胡萝卜，用小火煮熟，放入番茄酱调味即可。

🍴 营养功效
此品营养全面，富含蛋白质、维生素、多种矿物质等，补虚健脾，而且美味可口，淡淡的酸味能刺激宝宝的食欲，尤其适合体虚的宝宝。

 巧手妈妈
在吃这道菜的时候，妈妈还可以让宝宝用面包蘸着汤吃，风味更独特。

CHAPTER

5

断奶结束期（13～18个月）

适合
15个月以上
宝宝食用

适合
15个月以上
宝宝食用

油菜豆腐

材料

猪肉、海米各10克，豆腐50克，油菜1棵。

调料

葱末、姜末、盐各少许。

做法

1. 猪肉洗净，在热水中烫一下，切小丁；海米用水浸泡，洗去盐分，切碎；油菜洗净，切小段；豆腐洗净，切小丁。
2. 油锅烧热，下入豆腐煎至呈黄色时出锅。
3. 另取油锅烧热，放入猪肉、海米、葱末和姜末爆炒，下入豆腐、油菜和少许水焖炒透后，放盐调味即可。

营养功效

此品具有健脾和胃、补气补虚、助消化、强筋骨的功效。

胡萝卜香菇炖鸡肉

材料

洋葱1/2个，鸡胸肉50克，胡萝卜1/2根，鲜香菇1朵。

做法

1. 洋葱洗净，切碎；鸡胸肉洗净，切碎丁；胡萝卜洗净，去皮，切丁；香菇洗净，切碎丁。
2. 砂锅中放少许油，待油热后放入洋葱和鸡胸肉，略翻炒后加入胡萝卜、香菇和适量清水，充分翻拌后盖上盖子，用小火炖25分钟左右即可。

营养功效

鸡胸肉的脂肪含量很低，口感也比较细腻，再配上营养丰富的胡萝卜和香菇，可以给发育中的宝宝提供充足而均衡的营养。

巧手妈妈

煎豆腐的时候要先把锅烧热再放油，这样可以避免煎豆腐时粘锅。

巧手妈妈

应该挑那些肉质紧实、有弹性、肉色粉嫩、带有光泽的鸡胸肉给宝宝做断奶餐。

适合
15个月以上
宝宝食用

适合
15个月以上
宝宝食用

豆角蛋炒饭

🥢 材料

软饭50克，鸡蛋1个，胡萝卜、豆角各20克，虾皮10克。

🍯 调料

生抽、盐各少许。

🥄 做法

1. 豆角洗净，切成粒，过水焯到七成熟；鸡蛋打散；虾皮浸泡，洗去盐分后切碎；胡萝卜洗净，去皮，切碎丁。
2. 热锅放少许油烧热，下入鸡蛋液，炒成金黄色，用勺子弄成小块后盛出。
3. 重起油锅，下豆角炒至变色，加入虾皮、胡萝卜一起翻炒1分钟，倒入软饭与鸡蛋炒均匀，加点生抽与盐调味即可。

🍴 营养功效

豆角蛋炒饭富含碳水化合物、蛋白质、钙、维生素C、B族维生素等，能为宝宝提供充足的热量。

> ### 👩‍🍳 巧手妈妈
> 妈妈还可以根据家里现有的食材进行搭配，使断奶餐更有营养，也更好看。

小蛋饺

🥢 材料

鸡蛋1个，鸡胸肉、小油菜各30克。

🍯 调料

盐少许。

🥄 做法

1. 鸡胸肉、小油菜洗净，切成末；鸡蛋磕入碗内，搅打均匀。
2. 锅内放少许油烧热，放入鸡肉末和小油菜末同炒，并加少许盐，炒熟后盛出。
3. 另起油锅，将鸡蛋液倒入摊成圆饼，等鸡蛋半熟时，将炒好的鸡肉、小油菜放在蛋饼的一侧；将另一侧对折，翻个儿再煎一煎即可。

🍴 营养功效

此品可提供丰富的蛋白质、脂肪、维生素和铁、钙、钾等营养素，具有滋阴润燥、养血安神、健脑益智的功效。

> ### 👩‍🍳 巧手妈妈
> 小蛋饺的馅料也可以是虾仁、猪肉、牛肉、羊肉等。

CHAPTER

5 断奶结束期（13～18个月）

适合
15个月以上
宝宝食用

适合
15个月以上
宝宝食用

肉松小馒头

水果慕斯

🥄 材料

猪肉松8克，面粉60克，配方奶20克，鸡蛋黄1个，发酵粉少许。

🥄 做法

1. 配方奶按比例冲调好。
2. 将面粉、配方奶、鸡蛋黄、发酵粉加适量温水和成面团，面团醒发后做成小馒头，蒸熟。
3. 将小馒头从中间稍微撕开，放入适量肉松即可。

🍴 营养功效

肉松小馒头含有丰富的蛋白质、脂肪及钙、铁、磷、锌等，是宝宝益智健脑的好食品。

🥄 材料

苹果、猕猴桃、橘子各20克，燕麦片30克，原味酸奶50克，牛奶少许。

🥄 做法

1. 苹果、猕猴桃洗净，去皮，切小丁；橘子去皮、去子，取肉；燕麦片磨成粉。
2. 将苹果、猕猴桃、橘肉与燕麦粉放进酸奶中搅拌均匀，然后加牛奶调至宝宝能接受的浓度即可。

🍴 营养功效

此品食材品种多，给宝宝提供了丰富的营养，具有排毒润燥、润肠通便、提高免疫力的功效。

 巧手妈妈

这款小馒头也可以用烤箱烤制成磨牙小馒头，就是面团尽量小一些，而且要用低温，慢烤。

 巧手妈妈

妈妈也可以将牛奶换成宝宝喜欢的配方奶；水果也可以随意搭配。

适合
16个月以上
宝宝食用

适合
16个月以上
宝宝食用

番茄双花

🫛 材料
番茄1/2个，菜花、西蓝花各30克。

🍳 调料
番茄酱、葱花、盐各少许。

🥄 做法
1. 菜花、西蓝花用淡盐水浸泡20分钟，洗净，掰成小朵，焯水；番茄洗净，去皮，切碎。
2. 锅中放少许油烧热，放入葱花炝锅，放入番茄酱炒片刻，加入少许清水烧开，下入菜花、西蓝花、番茄翻炒，待汤汁收稠即可。

🍴 营养功效
番茄双花含有丰富的胡萝卜素、膳食纤维、维生素C、B族维生素及钾、磷、镁等矿物质，色彩诱人，味道鲜美，开胃助消化，增强宝宝肝脏的解毒能力，提高机体免疫力。

猪肉炒茄丝

🫛 材料
茄子50克，猪瘦肉30克。

🍳 调料
生抽、葱末、姜末、盐各少许。

🥄 做法
1. 猪瘦肉洗净，切丝；茄子洗净，去皮，切丝。
2. 锅中放少许油烧热，下葱末、姜末煸炒，然后放猪瘦肉翻炒片刻，盛出。
3. 重起油锅，倒入茄子翻炒，加盐与猪瘦肉一起炒，待熟时点生抽炒匀即可。

🍴 营养功效
此品富含碳水化合物、蛋白质、磷、钙、铁、膳食纤维等营养素，能促进宝宝生长发育，有利于预防小儿贫血、便秘。

 巧手妈妈
西蓝花和菜花焯水的时候锅要开盖，以保持西蓝花的翠绿。

巧手妈妈
将茄子切好后放入加少许醋的水中浸泡，这样茄子不易变色。

CHAPTER

5

断奶结束期（13～18个月）

适合
16个月以上
宝宝食用

适合
16个月以上
宝宝食用

豌豆肉丁软饭

材料

大米50克，鲜嫩豌豆、猪肉各30克。

调料

盐少许。

做法

1. 大米、豌豆洗净；猪肉洗净，切丁。
2. 锅中放少许油烧热，下入肉丁翻炒几下，倒入豌豆煸炒1分钟，加入盐和适量清水，加盖煮开后倒入大米，搅拌均匀；用小火烧至锅中的大米与水融合时把饭摊平，用竹筷在饭中扎几个孔，再盖上锅盖焖煮至锅中蒸汽急速外冒时，转用小火继续焖15分钟左右即可。

营养功效

此品含有丰富的蛋白质、脂肪、碳水化合物、钙、磷、铁、锌等多种营养素，对于肠胃虚弱经常腹泻的宝宝，可助消化、促进营养吸收。

 巧手妈妈

妈妈也可以将大米与放好调料的豌豆肉丁搅拌均匀后用电饭锅来做饭，以免夹生或煳锅。因为是宝宝吃，水可以多放一些。

小油菜鱼丸汤

材料

小油菜30克，草鱼肉50克，鸡蛋清1个。

调料

葱花、淀粉、盐、香油各少许。

做法

1. 小油菜择洗干净，切小段；草鱼肉洗净，去净鱼刺，将鱼肉剁成泥状，加鸡蛋清、淀粉、香油搅打上劲。
2. 油锅烧热，炒香葱花，倒入适量清水烧开，把鱼肉泥挤成小丸子，中火煮熟，下入小油菜煮至断生，加盐调味即可。

营养功效

此品富含蛋白质和不饱和脂肪酸，是一款健脑益智的断奶餐。

 巧手妈妈

处理鱼的时候要去掉腥线，而且最好把鱼皮去掉，以方便做鱼丸。

适合 16个月以上 宝宝食用

适合 16个月以上 宝宝食用

豌豆炒虾仁

🌶 材料

豌豆20克，鲜虾50克。

🍚 调料

盐、水淀粉适量。

🥄 做法

1. 豌豆洗净，放开水锅中焯熟；鲜虾洗净，去头剥壳，开背去肠泥，切碎丁。

2. 锅中放少许油烧至温热，将虾仁倒入锅中翻炒至表面变色，加入豌豆一起翻炒片刻，加盐调味，用水淀粉勾薄芡即可。

🍴 营养功效

豌豆炒虾仁富含优质蛋白质、脂肪、碳水化合物、B族维生素、钙、磷、钾、铜等，具有健脾和胃、补钙补气、益智健脑、增强免疫力的功效。

巧手妈妈

豌豆营养丰富，颜色鲜艳，宝宝会喜欢，但一次不要吃太多，因为豆类易胀气。

银鱼蔬菜饼

🌶 材料

银鱼干20克，韭菜2棵，香葱1棵，鸡蛋1个，面粉50克。

🥄 做法

1. 将银鱼干放在细筛子中，用开水冲洗，滤去盐分，切碎；韭菜、香葱择洗净，均切碎；鸡蛋打散备用。

2. 将面粉、鸡蛋液与适量清水调成面糊，放入韭菜、香葱、银鱼干拌匀。

3. 平底锅淋少许油烧热，放入面糊摊成薄饼，煎至两面金黄，将煎好的薄饼切成适合的大小即可。

🍴 营养功效

此品含有丰富的蛋白质、多种维生素及钙、磷、铁等营养素，具有补虚、开胃、壮骨的功效，尤其适宜体质虚弱、营养不足、消化不良的宝宝食用。

巧手妈妈

妈妈在选择银鱼干时，应选鱼体完整、色泽洁白有光泽的，这种银鱼肉嫩、味鲜。

适合
17个月以上
宝宝食用

适合
17个月以上
宝宝食用

蔬菜小杂炒

材料

土豆、蘑菇、胡萝卜、水发木耳、山药各20克。

调料

盐、香油各少许，水淀粉适量。

做法

1. 土豆、山药、胡萝卜洗净，去皮，切片；蘑菇、木耳洗净，切片。
2. 油锅烧热，放入胡萝卜片、土豆片、山药片煸炒片刻，放入适量清水，待烧开后加入蘑菇、木耳和少许盐，煮至蔬菜酥烂，用水淀粉勾芡，再淋上少许香油即可。

营养功效

此品食材丰富，含有丰富的淀粉、蛋白质、膳食纤维、多种维生素及钙、磷、铁、锌等多种矿物质，给宝宝提供均衡的营养，提高宝宝机体免疫力。

 巧手妈妈

原则上，这道菜的原料可以随意搭配，只要不相克就可以。

胡萝卜虾仁炒面

材料

面条50克，胡萝卜、扁豆各20克，虾仁3只。

调料

番茄酱、白糖各少许。

做法

1. 胡萝卜洗净，去皮，切碎；扁豆、虾仁洗净，切碎；面条煮熟。
2. 锅中放少许油烧热，将胡萝卜、扁豆、虾仁入锅煸炒入味，放入煮熟的面条，炒至胡萝卜、扁豆、虾仁快熟时，放入番茄酱和白糖，拌炒均匀即可。

营养功效

胡萝卜虾仁炒面含有丰富的蛋白质、脂肪、碳水化合物、多种维生素及矿物质，具有健脾厚肠、开胃化痰、提高免疫力的功效。

 巧手妈妈

扁豆不容易烹熟，妈妈可以将扁豆提前焯水，煮一下再切碎。

翟桂荣每日指导·断奶餐

适合
17个月以上
宝宝食用

适合
17个月以上
宝宝食用

猪骨菠菜汤

🥕 材料
猪脊骨100克，菠菜50克。

🍚 调料
姜丝、盐各少许。

🥄 做法
1. 猪脊骨洗净，砍碎；菠菜洗净，切小段，放入开水中焯烫。
2. 将猪脊骨放入砂锅内，加适量清水与姜丝，先用大火烧开，转用小火煮1.5小时，放入菠菜，续煮5分钟，入盐调味即可。

🍴 营养功效
此品养血利骨，能促进骨骼生长，有助于宝宝长高。

橘子燕麦甜饼

🥕 材料
橘子1个，原味酸奶30克，燕麦片40克，牛奶100克，面粉适量。

🍚 调料
白糖少许。

🥄 做法
1. 橘子剥皮，去子，取肉，压碎；将燕麦片、牛奶、原味酸奶拌匀，放入白糖、面粉、橘肉调成面糊（如果太稠，可加少许温水）。
2. 平底锅涂薄油烧热，放一小勺面糊，压平，煎至两面微黄即可。

🍴 营养功效
橘子燕麦甜饼含有丰富的蛋白质、碳水化合物、膳食纤维、多种维生素及矿物质，具有润肠通便、补钙的功效。

 巧手妈妈
菠菜焯水应在沸水中略滚即捞出，然后立即过凉水并控干，以免因余热而使菜叶变黄。

巧手妈妈
如果家里有烤箱，妈妈也可以用烤箱给宝宝做这款点心。

CHAPTER

5

断奶结束期（13～18个月）

适合
18个月以上
宝宝食用

适合
18个月以上
宝宝食用

蛋黄炒南瓜

🫛 材料
南瓜100克，咸鸭蛋黄1个。

🍱 调料
料酒、葱末、姜末各少许。

🥄 做法
1. 将咸鸭蛋黄和料酒放入小碗，上锅蒸熟，取出，趁热用勺子碾成蛋黄泥；南瓜洗净，去皮、子，切薄片。
2. 油锅烧热，爆香葱末和姜末，加入南瓜片煸炒2分钟，下入蛋黄泥，让南瓜片沾匀蛋黄泥即可。

🍴 营养功效
此品富含胡萝卜素、钙、铁、膳食纤维，具有开胃消食、清热解毒、补铁补血的功效。

橙香小排

🫛 材料
猪小排80克，橙子1个。

🍱 调料
盐、生抽、白糖各少许，柠檬汁适量。

🥄 做法
1. 猪小排收拾干净，剁成小块，下锅，加入适量清水，开锅后煮5分钟，边煮边撇去浮沫，捞出猪小排用热水冲净；橙子洗净，剥皮，去子，用榨汁机榨汁，过滤杂质待用。
2. 锅内放橙汁，加入切好的橙皮及适量开水煮开，倒入猪小排，改小火炖45分钟，放入盐、白糖、生抽和柠檬汁拌匀，煮至猪小排骨酥肉烂，喂食时剔骨。

🍴 营养功效
此品富含维生素C、蛋白质、钙等多种营养素，具有滋阴壮阳、益精补血的功效。

 巧手妈妈
咸鸭蛋黄可以直接到超市购买，但咸蛋黄偏咸，烹饪时可加少许水稀释咸味。

 巧手妈妈
可以用橙皮来浸泡排骨，这样可以祛腥、增香、开胃。

适合
18个月以上
宝宝食用

适合
18个月以上
宝宝食用

牛奶银耳木瓜汤

🥄 材料
牛奶100克，干银耳5克，木瓜50克。

🍲 调料
冰糖适量。

🥄 做法
1. 银耳泡发，去蒂，洗净，撕碎；木瓜去皮除子，洗净，切碎块。
2. 将木瓜、银耳放入锅中，加适量清水，大火烧开后转小火煮约20分钟；加冰糖煮至化开，离火，凉温，淋入牛奶搅拌均匀即可。

🍴 营养功效
此汤能健脾胃、助消化，可补充钙和维生素C等营养素。

玉米煎饼

🥄 材料
玉米粒30克，面粉40克，鸡蛋1个，豌豆10克。

🥄 做法
1. 玉米粒、豌豆洗净，入沸水焯熟；鸡蛋打散备用。
2. 面粉置盆内，加适量温水和匀，再加入玉米粒、豌豆、蛋液拌匀。
3. 锅里加少许油烧热，倒入面粉混合液，待一面凝固后翻面煎至另一面凝固即可。

🍴 营养功效
玉米煎饼富含膳食纤维、胡萝卜素，能够促进宝宝视力发育，还会让宝宝胃口大开。

👩 巧手妈妈
为增加营养，在给宝宝做这款汤时还可以适量加入一些泡好、去核的红枣。

👩 巧手妈妈
这款饼可以让宝宝自己拿着吃，所以玉米粒与豌豆粒要尽量弄碎一些，或用料理机打成浆后用也行。

第三节 新手妈妈问答

Q 宝宝喜欢边吃边玩怎么办？

A 宝宝不肯在吃饭的时候乖乖吃饭，总是边吃边玩。父母应该找到他边吃边玩的原因，"对症下药"。

● **宝宝喜欢边吃饭边玩的原因**

1. 零食过多，正餐自然吃不下。

2. 错误的教养方法，看宝宝不爱吃饭，就采取边做游戏边吃饭等方式。

3. 食物品种过于单调，宝宝不喜欢吃。

4. 曾经有过不愉快的饮食经历，宝宝对食物产生了抗拒心理。

5. 妈妈太在意宝宝吃饭。总和宝宝谈条件，如宝宝吃饱了就带他出去玩。

6. 没及时添加辅食，使宝宝的咀嚼能力、味觉发育落后，觉得吃饭很无趣。

● **如何纠正孩子边吃饭边玩的坏习惯**

1. 控制零食。宝宝零食吃得多，自然会影响正餐摄入量，所以妈妈应严格控制宝宝零食量，特别是正餐前1小时绝对不能吃零食。

2. 营造良好的进餐环境。对于已经添加辅食的宝宝，吃饭时可以让宝宝坐在餐桌边和家人一起吃饭，看到大家都在认真吃饭，小家伙会收起贪玩心。

3. 饿宝宝一顿。宝宝不好好吃饭，许多妈妈会追着宝宝喂，反而容易让宝宝养成不良的进餐习惯。如果宝宝不主动吃东西，妈妈不妨饿宝宝一顿，当宝宝感觉饥饿时反倒会主动吃饭。

4. 丰富食谱。宝宝对食物不感兴趣，可能与饭菜味道不佳有关系。为了提升宝宝的食欲，为宝宝准备的辅食要尽量丰富一些，颜色也要鲜艳一些，以便更好地促进宝宝食欲。

翟桂荣每日指导·断奶餐

Q 必须要给宝宝改成一日三餐吗？

A 是否将宝宝的断奶餐改成一日三餐，妈妈可以根据宝宝具体的喂养情况来定，但是应该尽早开始一日三餐的训练，让宝宝尽早适应一日三次的喂食，这不仅有助于锻炼宝宝的消化能力，还能保证宝宝摄取足够的营养，健康成长。

Q 宝宝一日三餐的食物必须不一样吗？

A 宝宝一日三餐的食谱最好不一样，这有利于宝宝营养均衡和接触更多的食物，从而更喜欢断奶餐。但这会增加妈妈的工作量。如果妈妈工作忙，没有时间准备断奶餐，到了断奶后期，可以将大人的饭菜进行细加工，做成适合宝宝吃的断奶餐。

Q 一日三餐外必须给宝宝加餐吗？

A 宝宝到了1岁以后，可以和大人一样正常吃一日三餐了，同时为了宝宝营养均衡，还要给宝宝加餐。此时宝宝的胃容积比较小，加上运动量大，消耗大，如果只是一日吃三餐，他在下一餐来临之前就会感觉到饥饿，适时加餐有利于幼儿时期宝宝消化系统的发育，让宝宝更好地吸收营养，补充热量，以满足宝宝快速生长的需要。

 宝宝一日饮食中各餐占全天热量的比例一般为：早餐占30%、午餐占35%、晚餐占25%，加餐占10%。

Q 结束期的断奶餐与宝宝断奶后的正餐一样吗？

A 这两种食物看似不好界定，但它们最大的区别在于食物的软硬度。结束期的断奶餐每日固体食物应该不超过70%，并且是逐步过渡。而到了断奶后的正餐，固体食物应该占所吃食物的80%左右。而且结束期也不建议宝宝吃太硬的食物。

Q 怎么知道宝宝已经吃饱了？

A 每个宝宝的食量是不一样的，这就需要妈妈细心观察。要让宝宝养成规律饮食的习惯，少吃或不吃零食，而且要细心观察宝宝每次的进食量。此时宝宝也有了自己的饥饱感，一般宝宝在吃饱后都会拒绝继续进食。这时候家长就不要再强迫他吃了，这是他发出"吃饱了"的信号。同时，妈妈也要关注宝宝的生长发育指标，只要宝宝发育正常，他的进食量就是合适的。

Q 宝宝吃饭不少，却没见怎么长肉是为什么？

A 如果宝宝吃得好，睡眠好，精神好，大小便均正常，且无明显其他异常表现，那么需要考虑宝宝是否有家族遗传性的偏瘦体质。宝宝消化吸收不好，也是不长肉的一个重要因素。如果宝宝消化不好，最好给宝宝吃点助消化药，调理一下肠胃功能，宝宝消化吸收好了，自然就长肉了。另外，宝宝的生长发育是有一定规律的，宝宝体重的增长与身高增长密切相关，新生儿身高、体重增长均较快，半岁后逐渐减慢。只关注宝宝的体重是不够的，必须考虑身高因素，单纯体重偏轻或偏重，不能说明宝宝生长发育情况。

Q 儿童酱油是不是更适合宝宝食用？

A 众所周知，酱油是一种调味品，酱油除了提鲜润色，还自带大量盐。而且酱油是食盐或者钠的重要来源。看起来儿童酱油"低盐淡口"，似乎更健康，其实即使是"低钠酱油"，钠盐含量仍然很可观，对于宝宝非常敏感的味蕾来说，特别是1岁内，儿童酱油还是过咸，蔬菜和水果中的天然味道就很鲜美，而这些食物也含有足够的盐。所以，不管什么样的调味品，还是应该尽量少用。

Q 宝宝拒绝喝牛奶怎么办？

A 首先，我们不妨来分析一下宝宝不喜欢喝牛奶的原因。

● **不爱喝奶的原因**

1. 宝宝不爱喝奶，可能与宝宝曾有的不愉快喝奶经历有关，那些看似很小的因素都会在宝宝的心理上留下痕迹，使他本能地抗拒喝奶。

2. 有些宝宝生性好动，有时喝奶时间过长，占据了他玩的时间，久而久之，他就不爱喝奶了。

● **让宝宝爱上喝奶的小技巧**

了解以上原因，我们可根据宝宝的不同情况来引导宝宝，让宝宝爱上喝奶。

1. 营造良好的进餐氛围，积极鼓励宝宝独立喝奶。

2. 采用少食多餐的方式，慢慢引导宝宝将奶喝完。

3. 多给宝宝体验和尝试的机会，让他觉得喝奶是一件快乐的事。

4. 爸爸妈妈做好榜样，积极而耐心地引导。

总之，在日常生活中，爸爸妈妈要保持良好的心态，对宝宝怀着一颗赏识、宽容的心。这样，宝宝就能在不知不觉中改变。

Q 宝宝不爱吃米，只爱吃面，有关系吗？

A 如果宝宝爱吃面条，妈妈可以多喂一些，只是长期只吃面条，会造成宝宝偏食。妈妈应该分析下宝宝不爱吃米的原因，如果是因为口感问题，妈妈可以把米饭做得软一些，并加上菜末、肉末，让宝宝多试几次。多加引导，宝宝一定会在你的耐心指导下吃得更健康。

Q 宝宝现在可以吃油炸食品吗？

A 随着宝宝的成长，宝宝的消化系统进一步完善，可以给宝宝尝试吃一些油炸食品，但要控制量，浅尝辄止。还要注意烹调方法的改善：首先一定要用新鲜的油去炸，其次油的量尽量少，可以半煎半炸。

第四节 断奶结束期营养饮食推荐表

时间	星期一	星期二	星期三	星期四	星期五	星期六	星期日
6:00~6:30	母乳/配方奶200毫升	母乳/配方奶200毫升	母乳/配方奶200毫升	母乳/配方奶200毫升	母乳/配方奶200毫升	母乳/配方奶200毫升	母乳/配方奶200毫升
8:30~9:00	山药燕麦粥1小碗，鸡蛋半个	营养米糊1小碗，鸡蛋半个	鸡蛋羹1小碗，面包片1片	果仁玉米粥1小碗，鹌鹑蛋1个	猪肝粥1小碗，小馒头1个	豆浆米糊1小碗，鸡蛋半个	红糖鸡蛋汤1小碗，肉松小馒头1个
10:00~10:30	苹果半个	梨半个	草莓3颗	橘子半个	猕猴桃半个	西瓜1小块	蓝莓10颗
12:00~12:30	绿豆米饭1小碗，配黄瓜胡萝卜鸡丁、虾皮小白菜汤	二米饭1小碗，配红烧鸭血、油菜粉丝汤	肉松软饭1小碗，配韭菜炒豆芽、小油菜鱼丸汤	红薯米饭1小碗，配清蒸鲈鱼、番茄面包鸡蛋汤	三色软饭1小碗，配橙香小排、菜花豆腐羹	白米饭1小碗，配油菜豆腐、海带肉丁汤	什锦烩饭1小碗，配香煎龙利鱼、白菜汤
14:00~14:30	酸奶+水果	水果慕斯+豆浆	雪梨莲藕水+小饼干	绿豆汤+水果	白萝卜水+水果	酸奶奶昔+馒头片	橘子苹果水+小蛋糕
18:00~18:30	白萝卜牛肉面1小碗，配时蔬小杂炒	番茄面片汤1小碗，配清炒小油菜	莲藕玉米鸡肉粥1小碗，配胡萝卜软饼	虾仁龙须面1小碗，配香干芹菜	土豆疙瘩汤1小碗，配什锦蛋丝	苹果鸡肉粥1小碗，配蒜蓉西蓝花	胡萝卜虾仁炒面1小碗，配丝瓜香菇汤
21:00~21:30	母乳/配方奶200毫升	母乳/配方奶200毫升	母乳/配方奶200毫升	母乳/配方奶200毫升	母乳/配方奶200毫升	母乳/配方奶200毫升	母乳/配方奶200毫升

翟桂荣每日指导·断奶餐

6 断奶期不适的饮食调理

宝宝在成长过程中，经常会出现一些感冒、发热等小状况，没有经验的爸爸妈妈会急着把宝宝往医院送，往往自己着急宝宝也受罪，还有可能在医院门诊造成交叉感染。其实很多时候，宝宝的一些小毛病只需要通过合理的家庭护理，外加恰当的饮食调理，即可痊愈。

宝宝缺锌怎么吃

缺锌会造成宝宝脑功能异常、精神改变、生长发育减慢及智能发育落后等危害。

症状表现

宝宝缺锌时会有以下表现：

- **厌食**

  缺锌会导致消化能力减弱，味觉敏锐度降低，食欲不振，摄食量减少。

- **生长发育落后**

  缺锌婴儿身高体重常低于正常同龄儿。

- **异食癖**

  乱吃奇奇怪怪的东西，比如咬指甲、啃玩具、吃泥土等。

- **免疫力低**

  宝宝缺锌，细胞免疫及体液免疫功能皆可能降低，易患各种感染，包括腹泻。

- **皮肤黏膜表现**

  宝宝缺锌时皮肤会有损害，出现外伤时，伤口不易愈合，易患皮炎、顽固性湿疹。

- **其他**

  多动、反应慢、注意力不集中，视力下降，容易导致夜视困难等症。

缺锌的宝宝怎么吃

随月龄增加，母乳中的锌已不能维持宝宝生长发育需要，应按时添加辅食。

宝宝补锌应及时加蛋黄、豆浆，待宝宝大些则可加瘦肉、鱼肉、贝类、鸡肉、豆类及各种坚果类。发酵食品的锌吸收率高，应多选择。充足而均衡的营养供给是防治宝宝缺锌的关键。

家长请注意

任何一种微量元素的供给都应适量，过分地强调锌的摄入或宝宝舔啮涂锌玩具都可造成锌中毒。锌中毒同样会损害宝宝学习、记忆等能力，对智力发育不利。

燕麦南瓜糊

材料
燕麦片20克，南瓜50克。

做法
1. 南瓜洗净，去皮、去子，切小块，上锅蒸熟至软；将燕麦片用开水泡软。
2. 将南瓜与燕麦片及泡燕麦片的水一起放入搅拌机，打成泥糊状即可。

适合
6个月以上
的宝宝

适合
10个月以上
的宝宝

油菜海鲜粥

材料
米粥40克，鱼肉、小油菜各20克，虾仁10克。

做法
1. 小油菜洗净，切碎；鱼肉、虾仁均洗净，切碎。
2. 将鱼肉碎、虾仁碎与小油菜碎放进锅内煮熟，加入米粥拌匀即可。

牡蛎紫菜汤

材料
牡蛎肉50克，无沙干紫菜3克。

调料
清汤适量，葱花、姜丝、盐各少许。

做法
1. 牡蛎肉洗净，切碎；紫菜撕碎。
2. 将紫菜加清汤、牡蛎肉、葱花、姜丝，放入蒸锅蒸30分钟，加入盐调味即可。

适合
13个月以上
的宝宝

CHAPTER

6

断奶期不适的饮食调理

133

宝宝缺碘怎么吃

碘不仅是维持人体甲状腺功能正常所必需的元素，还是促进生长发育的重要元素，宝宝缺碘则有可能导致智力低下及呆小症等问题。

症状表现

一般婴幼儿缺碘会表现为智力低下；若情况严重，还可能表现为聋、哑、呆板等，并且影响神经系统发育。再大一点，宝宝如果缺碘，长大后可能会引起甲状腺肿大。

缺碘的宝宝怎么吃

缺碘宝宝如果是母乳喂养，母亲应进食含碘丰富的食物。大点的孩子可以在奶粉或断奶餐中适当加入海产品，将紫菜、海带、海鱼等打成糊状加入辅食中。

考虑到婴幼儿时期的饮食主要是乳制品，可选择富碘的婴幼儿奶粉。

家长请注意

对于碘的每日供给量，0~6个月婴儿适宜供给量为每天85微克，7~12个月婴儿为90~115微克，1~7岁儿童为90微克，8~13岁儿童为120微克，14岁~成人为120微克。

紫菜豆腐羹

材料

无沙干紫菜2克，豆腐50克，番茄1/2个，小米面20克。

做法

1. 紫菜撕碎，用清水泡开；豆腐冲净，切小方粒；番茄洗净，去皮，切小丁。
2. 油锅烧热，加番茄略炒，加入适量清水，烧开后加入豆腐与紫菜同煮。
3. 小米面用清水搅匀，入锅略煮即可。

适合
8个月以上
的宝宝

虾皮小白菜汤

材料

小白菜30克，虾皮适量。

调料

葱花、姜末、香菜末、盐各少许。

做法

1. 虾皮洗净；小白菜洗净，切碎。
2. 油锅烧热，炒香姜末，放入虾皮略炒一下，添适量清水烧开，放入小白菜烧开，放入香菜末、葱花、盐即可。

适合
11个月以上
的宝宝

海带排骨汤

材料

水发海带50克，猪排骨80克。

调料

盐少许。

做法

1. 海带洗净，切小段；猪排骨洗净，切小块，入沸水焯一下，去除血水。
2. 将海带、排骨一起下锅，加适量清水煮熟烂，吃时剔骨即可。

适合
13个月以上
的宝宝

宝宝缺钙怎么吃

宝宝缺钙将影响生长发育，严重者会导致X形腿或O形腿等。

症状表现

宝宝缺钙会表现为精神状态不好、食欲不振、对周围环境不感兴趣、抽搐、智力低下、免疫功能下降等。具体表现：

1.缺钙的宝宝睡觉不实，夜惊、夜啼，尤其是新生儿，会常常在夜间突然惊醒，啼哭不止。

2.宝宝入睡后头部大量出汗，哭后出汗更明显。

3.宝宝缺钙常会出现烦躁、爱哭闹、坐立不安等表现，不易照看。

4.缺钙的宝宝可能1岁半时仍未出牙，或者牙齿发育不良、咬合不正、牙齿排列不齐等。

5.缺钙的宝宝易出汗，通常后脑勺处的头发被磨光，形成枕秃。枕秃可以反应缺钙，但不能说枕秃就一定缺钙。

6.正常情况下，宝宝前囟一般在1~1.5岁时闭合，缺钙的宝宝通常闭合较晚，有的甚至2岁仍未闭合，形成方颅。

7.缺钙的宝宝多数走路晚，或者会由于骨质软，表现为X形腿或O形腿，走路姿势异常。

缺钙的宝宝怎么吃

奶和奶制品是婴儿期的主食，又是钙的主要来源。除奶类为钙的主要来源外，豆类和蔬菜也是钙的来源。除了补钙，还要注意补充维生素D，它可以帮助宝宝对钙的吸收。

家长请注意

钙在宝宝的生长过程中是非常重要的，但如果宝宝发育正常，不宜单独通过钙剂来补钙，最好通过饮食来补充，以免造成宝宝钙过剩。

豆腐鸡蛋羹

材料

鸡蛋黄1/2个，豆腐50克。

做法

1. 将鸡蛋黄研碎；豆腐冲净，放入水中焯烫一下，捞出控去水分，研碎。
2. 将豆腐与鸡蛋黄一起放入锅中，加入适量水，用小火一边煮一边搅拌为羹状即可。

适合
6个月以上
的宝宝

适合
10个月以上
的宝宝

胡萝卜鲜虾饺

材料

面粉60克，胡萝卜80克，虾肉30克，豆腐20克，紫菜1小片。

做法

1. 豆腐冲净，捻碎；胡萝卜洗净，去皮，一部分榨汁，一部分切丝；虾肉剁成泥；将上述食材拌匀成馅；紫菜撕碎。
2. 将面粉加胡萝卜汁和成面团，按常法包成饺子，入沸水煮熟，盛碗时撒入紫菜碎即可。

番茄排骨汤

材料

番茄1个，猪小排80克。

调料

姜丝、盐各少许。

做法

1. 番茄洗净，去皮，切小块；猪小排剁成小块，洗净，焯水。
2. 姜丝入油锅炒香，下番茄、猪小排，加适量清水，煮至排骨软烂，入盐调味即可。

适合
12个月以上
的宝宝

CHAPTER

6

断奶期不适的饮食调理

宝宝贫血怎么吃

缺铁性贫血是婴幼儿最常见的疾病之一，特别是2岁以下的小儿更为多见，所以，爸爸妈妈要予以重视。

症状表现

营养性贫血可分为缺铁性贫血和巨幼红细胞性（维生素B_{12}、叶酸缺乏）贫血。贫血宝宝的症状主要有：

1. 面色苍白，嘴唇、指甲颜色变淡等。

2. 呼吸、心率增快。

3. 食欲下降、恶心、腹胀、便秘。

4. 精神不振、注意力不集中、情绪易激动、智能下降等，大宝宝还会描述有头痛、头晕、眼前有黑点等现象。

5. 长期贫血的宝宝常常会出现容易疲劳、毛发干枯、生长发育落后等症状。

6. 缺铁性贫血宝宝有的还会出现异食癖，如喜欢吃泥土、墙皮等。

贫血的宝宝怎么吃

对于贫血的宝宝，应补充富含铁的食物，如加铁的婴儿配方奶、婴儿米粉、动物血、动物肝脏、瘦肉等。贫血难以通过饮食纠正的，应给予铁剂等。同时，还要补充富含维生素C的食物，比如番茄、猕猴桃、橘子等，以增进铁质吸收。关于加用强化铁的饮食，足月宝宝从4~6个月开始（不晚于6个月），早产宝宝及低体重宝宝从3个月开始。

家长请注意

对于贫血的宝宝，应随时注意观察宝宝的身体发育状况，必要时要给宝宝做血常规检测，因为患有轻微贫血的宝宝在外表是看不出来的。如果宝宝血红蛋白低于正常值，就表示患有贫血，应当及时补充铁质，吃富含铁的食物。

鸡肝芝麻粥

🥄 材料

鸡肝30克，大米50克，熟芝麻少许。

🥄 做法

1. 将鸡肝收拾干净，放入碗内研碎。
2. 将适量水放入锅内，加入鸡肝煮成糊状。
3. 大米洗净，放入锅中，加入适量清水，煮成烂粥后放入鸡肝糊，再放少许熟芝麻搅匀即可。

适合
8个月以上
的宝宝

适合
12个月以上
的宝宝

木耳肉片汤

🥄 材料

水发木耳30克，猪瘦肉100克，菠菜30克。

🥄 调料

盐、淀粉各少许。

🥄 做法

1. 水发木耳去蒂，洗净，撕小朵；猪瘦肉洗净，切小片，加盐、淀粉拌匀；菠菜洗净，焯水，切小段。
2. 将木耳入锅，加水烧沸，下菠菜段、肉片煮熟，入盐调味即可。

红豆薏米黑米粥

🥄 材料

黑米30克，薏米、红豆各10克。

🥄 调料

白糖少许。

🥄 做法

1. 黑米、薏米、红豆洗净，浸泡8小时至软。
2. 将黑米、红豆、薏米和适量清水放入砂锅内，煮至米烂豆熟，加入白糖搅匀即可。

适合
14个月以上
的宝宝

CHAPTER

6

断奶期不适的饮食调理

宝宝湿疹怎么吃

湿疹是婴幼儿时期常见的病症，主要是对食入物、吸入物或接触物不耐受或过敏所致。尤其1岁内的宝宝，对异性蛋白质不耐受是导致湿疹的重要因素。患湿疹的宝宝若能注意饮食调养，可以促进湿疹的消除，还有助于防止湿疹的再次复发。

症状表现

根据皮损及性状可分为干性湿疹和湿性湿疹。

● 干性湿疹

干性湿疹主要因皮肤水分丢失，皮脂分泌减少，干燥，导致表皮及角质层有细裂纹，皮肤呈淡红色，裂纹处红色更明显，类似"碎瓷"。可发生于身体多处，但多见于四肢。

● 湿性湿疹

湿性湿疹以渗出、水疱为主。初起时为散发或群集的红色小疙瘩，然后会破溃、糜烂、渗液，最后结痂脱屑，局部皮肤有灼热感和痒感。这些小红疙瘩刚开始多见于头面部，接着会逐渐蔓延至颈、肩、背、四肢、臀部，甚至波及全身。

出湿疹的宝宝怎么吃

湿疹的发病与饮食有一定的关系，某些食物可能是诱因。所以宝宝应以素食为主。宜给宝宝吃清淡、易消化、含有丰富维生素和矿物质的食物，能减轻宝宝皮肤的过敏反应。添加断奶餐应该循序渐进，每加一种食物应观察三四天，没有出现湿疹加重，再加第二种食物。

家长请注意

湿疹宝宝忌吃容易导致过敏的食物，比如鱼、虾、蟹、羊肉、花粉、花生等，以免引起变态反应，导致宝宝病情加重。

荸荠汁

适合
5个月以上
的宝宝

材料

荸荠50克。

做法

1. 荸荠洗净，去皮，切碎。
2. 将荸荠放入锅中，加入适量清水，熬煮1小时即可。宝宝取汁饮用。

适合
6个月以上
的宝宝

丝瓜粥

材料

丝瓜20克，大米30克。

做法

1. 丝瓜洗净，去皮，切碎；大米淘净。
2. 锅内加清水适量，放入大米煮粥，待至八成熟时加入丝瓜，再煮至粥熟即可。

山药黄瓜汁

适合
7个月以上
的宝宝

材料

山药100克，黄瓜50克。

做法

1. 山药洗净，去皮，焯熟，切块；黄瓜洗净，切小块。
2. 将山药、黄瓜放入豆浆机中，加凉白开到机体水位线间，接通电源，按下"果蔬汁"启动键，搅打均匀过滤后倒入杯中，喝的时候加入温水调匀即可。

CHAPTER

6

断奶期不适的饮食调理

宝宝水痘怎么吃

水痘是由水痘—带状疱疹病毒初次感染引起的急性传染病。传染率很高，主要发生于婴幼儿。

症状表现

水痘的潜伏期为12～21天，平均14天。发病较急，前驱期有低热或中度发热、头痛、肌痛、关节痛、全身不适、食欲不振、咳嗽等症状；起病后数小时或在1～2天内即出现皮疹。整个病程短则一周，长则数周。

● 水痘皮疹

水痘皮疹数量较多，一般首先出现于面部、头皮和躯干，分布呈向心性，以胸背较多，四肢、面部较少，手掌、足底偶见。鼻、咽、口腔、外阴等部位的黏膜亦可发疹。发热一般随着出疹的停止逐渐下降至正常。

● 水痘发疹过程

水痘发疹经历斑疹、丘疹、疱疹及结痂四个阶段。初为红斑疹，数小时后变为深红色丘疹，再经数小时后变为疱疹，自疱疹形成后1～2天，就开始从疱疹中心部位枯干结痂；再经数天痂壳即行脱落，约2周脱尽。

出水痘的宝宝怎么吃

出水痘的宝宝应该选用具有清热利水作用的食物，如菠菜、苋菜、冬瓜、西瓜、黄豆、薏米等；要注意补充水分，多饮水，多吃新鲜水果及蔬菜，如西瓜汁、鲜梨汁、鲜橘汁和番茄汁等；多吃富含膳食纤维的食物，多吃些叶菜及豆制品，如白菜、芹菜、菠菜、豆芽，可帮助清除体内积热、排毒通便。

家长请注意

出水痘的宝宝因发热，食欲会下降，爸爸妈妈不要着急，也不要强迫宝宝进食，特别是不要为了给宝宝增加营养而吃一些油腻的肉类，以免加重宝宝肠胃负担。此时，应让宝宝多休息，保持安静，穿透气纯棉衣服，防止摩擦造成皮损。

番茄橘子汁

材料

番茄、橘子各50克。

做法

1. 番茄洗净，去皮，切小块；橘子去皮、子，切小块。
2. 将番茄块、橘子块放入料理机中，加适量凉白开搅打均匀，过滤后倒入杯中即可。

适合6个月以上的宝宝

适合8个月以上的宝宝

绿豆海带汤

材料

绿豆50克，水发海带30克。

做法

1. 绿豆淘净，用水浸泡4小时；水发海带洗净，切碎块。
2. 锅置火上，放入海带、绿豆，加适量清水，先用大火烧开，改用小火煮至烂熟即可。宝宝取汤饮用。

薏米红豆豆浆

材料

红豆40克，薏米50克。

做法

1. 红豆浸泡4~6小时，洗净；薏米浸泡2小时，洗净。
2. 将红豆、薏米放入豆浆机中，加凉白开到机体水位线间，接通电源，按下"五谷豆浆"启动键，20分钟左右即可做好，过滤饮用。

适合10个月以上的宝宝

CHAPTER 6 断奶期不适的饮食调理

宝宝鹅口疮怎么吃

鹅口疮是2岁以内婴幼儿的常见疾病。此病是由于白色念珠菌感染所致，会对宝宝的口腔造成一定伤害。

症状表现

鹅口疮轻症可见口腔黏膜表面覆盖白色乳凝块样小点或小片状物，可逐渐融合成大片，不易擦去，强行剥离后局部黏膜会出现潮红、粗糙，可有溢血，不流涎，一般不影响吃奶，无全身症状。

重症则全部口腔均被白色斑膜覆盖，甚至可蔓延到咽喉、食道、气管等处，可伴低热、拒食、吞咽困难。

鹅口疮的宝宝怎么吃

长了鹅口疮，宝宝的口腔会有疼痛的感觉，宝宝会因此而拒绝吃奶，造成食量减少、体重增长缓慢。如果鹅口疮进一步扩散，有可能殃及食道。鹅口疮患儿平时要十分注意饮食营养，此病多发于营养不良或身体免疫力下降的婴幼儿。

对于脾胃积热型患儿，宜选清热解毒、通便泻火之药膳治疗，如番茄汁、西瓜汁；心火上扬型患儿常口干欲饮、烦躁不安，宜选用清心泻火之药膳治疗，如荷叶冬瓜汤、竹叶灯芯乳；虚火上浮型患儿常有神疲颧红、虚烦口干等表现，宜选用滋阴降火之药膳治疗，如冰糖银耳羹。

家长请注意

鹅口疮初期并无明显的症状，如果不仔细检查口腔，很难发现。所以，妈妈在每天给宝宝清洁口腔时要注意观察，早发现早治疗。

双花汤

材料
杭白菊5克，金银花3克。

调料
冰糖少许。

做法
1. 杭白菊、金银花洗净浮尘。
2. 锅内加适量清水，大火烧开，放入菊花和金银花，烧开后转小火煮5分钟，加冰糖煮至化开，取汤即可。

适合
5个月以上
的宝宝

适合
12个月以上
的宝宝

西瓜皮蛋花汤

材料
西瓜皮100克，鸡蛋1个，虾皮10克。

调料
盐少许。

做法
1. 西瓜皮留翠衣，洗净，切小片；鸡蛋打散；虾皮洗净。
2. 油锅烧热，下入西瓜皮翻炒均匀，淋入适量清水，放入虾皮煮15分钟，淋入鸡蛋液略煮，加盐调味即可。

蜂蜜银耳羹

材料
蜂蜜少许，干银耳5克。

做法
1. 银耳泡发，撕成碎朵，煎汤。
2. 汤汁放温后，再冲入蜂蜜调匀即可。

适合
13个月以上
的宝宝

CHAPTER

6

断奶期不适的饮食调理

145

宝宝腹泻怎么吃

　　每个宝宝都发生过腹泻，尤其是年龄较小的宝宝。如果宝宝经常腹泻，就会影响生长发育，有时甚至危及生命。所有，宝宝发生腹泻要积极防治和精心护理。

症状表现

　　小儿腹泻是由多种病原及多种病因引起的。患儿大多是2岁以下的宝宝，6～11个月的婴儿尤为高发。

● 排便次数多

　　正常宝宝的大便一般每天1～2次，呈黄色条状物。腹泻时排便次数会比正常情况下多，轻者4～6次，重者可达10次以上，甚至数十次。

● 大便性状

　　宝宝腹泻时，大便一般为水样便、蛋花汤样便，有时是黏液便或脓血便，同时可能伴有吐奶、腹胀、发热、烦躁不安、精神不佳等表现。

腹泻的宝宝怎么吃

　　病因不同的腹泻，饮食调节也各不相同，总体来说，饮食应以清淡流质或半流质（米汤或稀粥）为主。宝宝轻度腹泻，可继续母乳喂养。若为人工喂养，年龄在6个月以内的，用等量的米汤或稀释的牛奶或其他代乳品喂养2天，以后逐渐恢复正常饮食。患儿年龄在6个月以上，已经吃断奶餐的宝宝，可以选用稀粥、面条或烂饭，加些蔬菜、鱼或肉末等。对病程较长、体质较差者，可给予要素饮食（不必经消化即可吸收的营养物质）。病情较重者要考虑禁食，改从静脉补充各种营养成分。

家长请注意

　　在宝宝腹泻症状仍未能控制时，如炎症急性期，应少食以减轻胃肠负担，不应过早进行所谓"补"的饮食，而在症状控制后的恢复期，才能逐渐加强食物中的营养成分。

荠菜饮

材料
荠菜60克。

做法
1. 荠菜择去根及黄叶，洗净，切碎。
2. 将荠菜碎入锅，加适量清水煮二沸，起锅，弃渣，滤取汁液即可。

适合
4个月以上
的宝宝

适合
6个月以上
的宝宝

小米胡萝卜糊

材料
小米50克，胡萝卜1/2根。

做法
1. 小米洗净，熬粥，取上层小米汤备用。
2. 胡萝卜去皮，洗净，上锅蒸熟，捣成泥。
3. 将小米汤和胡萝卜泥混合搅拌均匀成糊状即可。

淮山莲子粥

材料
山药30克，莲子10克，红枣3枚，大米50克。

做法
1. 山药洗净，去皮，切碎；莲子和大米洗净，莲子拍碎；红枣洗净，去核，切碎。
2. 将所有材料放进锅内，加入适量清水，煮至山药、莲子软烂，粥稠即可。

适合
12个月以上
的宝宝

CHAPTER

6

断奶期不适的饮食调理

宝宝积食怎么吃

积食主要是指小儿乳食过量，损伤脾胃，使乳食停滞于中焦所形成的胃肠疾患，多发生于婴幼儿时期。积食不是小问题，它会增加宝宝肠、胃、肾脏的负担，进而影响宝宝的正常发育。因此，父母要引起足够的重视。

症状表现

积食的宝宝往往会出现下面这些症状：

1. 宝宝在睡眠中身体不停翻动，有时还会磨牙。所谓"食不好，睡不安"。

2. 宝宝食欲明显不振。

3. 宝宝经常不明原因的哭闹。

4. 可以发现宝宝鼻梁两侧发青，舌苔白且厚，呼气中有酸腐味。

5. 积食还会引起宝宝恶心、呕吐、厌食、腹胀、腹痛、手足发热、肤色发黄、精神萎靡等状况。

积食的宝宝怎么吃

宝宝积食后，要控制饮食，吃易消化和促进消化的食物，如酸奶、山楂、大米粥、小米粥等。同时，可以吃一些富锌食物，如瘦肉、鱼肉、蛋黄等，因为补锌有助肠道吸收，还能促进味蕾发育，改善宝宝积食状况。

家长请注意

俗话说"要想小儿安，三分饥与寒"，意思是说要想小儿不生病，就不要让孩子吃太饱、穿太多。仔细琢磨一下，这话很有道理，无论是哪一种食物，再有营养也不能吃太多，否则不但不能使孩子健康，反而会造成孩子积食，给身体带来不同程度的损害。

翟桂荣每日指导·断奶餐

白萝卜粥

材料
白萝卜50克，大米30克。

做法
1. 白萝卜洗净，去皮，切碎；大米淘净。
2. 将白萝卜入锅，加适量清水煮开，转小火续煮20分钟，加入大米，煮至米烂粥稠即可。

适合
6个月以上
的宝宝

适合
10个月以上
的宝宝

番茄鸡蛋汤

材料
番茄1个，鸡蛋1个。

调料
葱花、香油各少许。

做法
1. 番茄洗净，去皮，切碎块；鸡蛋打散备用。
2. 汤锅加适量清水烧开，下入番茄，用小火煮10分钟，淋入鸡蛋液搅拌成蛋花，撒上葱花，淋上香油即可。

洋葱炒圆白菜

材料
洋葱、圆白菜各80克。

调料
盐、醋各少许。

做法
1. 洋葱洗净，切细丝；圆白菜洗净，切细丝。
2. 锅内放油烧热，倒入洋葱和圆白菜继续翻炒至八成熟，加入盐、醋调匀即可。

适合
12个月以上
的宝宝

CHAPTER

6

断奶期不适的饮食调理

宝宝便秘怎么吃

　　婴幼儿便秘是一种常见病，消化不良是婴幼儿便秘常见原因之一，一般通过饮食调理可以改善。

症状表现

　　若宝宝出现下面这些情况，妈妈就要注意宝宝是否患有便秘：

　　1. 便量少且干燥。

　　2. 大便难于排出，排便时有痛感，会哭闹。

　　3. 腹胀、腹痛。

　　4. 食欲减退，睡眠不安。

　　5. 排便周期延长，如3 ~ 5天一次。

　　6. 若宝宝便秘时间较长，严重的甚至会出现脱肛或肛裂出血等症状。

便秘的宝宝怎么吃

　　便秘的宝宝可以通过下面的饮食调理来改善便秘状况：

　　1.在两次喂奶之间喂新鲜果汁或白开水，一日可增喂2 ~ 3次。

　　2.6个月以上的婴儿可以适当增加蔬菜泥和水果泥的量。

　　3.适当增加水和断奶餐的量，减少奶粉的量。

家长请注意

　　父母要帮助宝宝纠正便秘，注意做到以下几点：让宝宝多运动，以促进肠蠕动，有利于大便排出；按时让宝宝大便，以养成按时排便的习惯；多给宝宝饮水，正常添加辅食后，每顿饭都要吃蔬菜，每日吃水果，以增加膳食纤维的摄入。

翟桂荣每日指导・断奶餐

芹菜白菜汁

材料

芹菜、白菜各50克。

做法

1. 芹菜、白菜洗净，切碎，一起放入锅内，加适量清水，烧开后关火闷10分钟。
2. 将芹菜、白菜连锅里的菜水一起放入豆浆机中，接通电源，按下"果蔬汁"启动键，搅打均匀过滤后即可。

适合
6个月以上
的宝宝

适合
8个月以上
的宝宝

红薯大米粥

材料

红薯30克，大米50克。

做法

1. 大米淘净，浸泡2小时；红薯洗净，去皮，切碎。
2. 将红薯与大米下锅，加适量清水煮至红薯和大米熟烂黏稠即可。

菠菜瘦肉粥

材料

大米50克，菠菜30克，猪里脊20克。

调料

葱丝、姜丝、盐各少许。

做法

1. 菠菜洗净，焯水，切末；大米淘净；猪里脊洗净，切丁。
2. 将大米入沸水锅煮软，放入肉丁煮熟，下姜丝、葱丝及菠菜末煮沸，加盐调味即可。

适合
12个月以上
的宝宝

CHAPTER

6

断奶期不适的饮食调理

宝宝发热怎么吃

因为婴幼儿的抵抗力低，免疫系统不完善，身体还在一个不稳定的阶段，容易受外界各种因素刺激导致发热。对于宝宝发热，爸爸妈妈不可掉以轻心。

症状表现

1. 宝宝的脸颊发红，手心热，额头烫，哭闹不安或者没有精神。

2. 腋下体温37.5～38.0℃为低热，38.1～39.0℃是中等热，39.1～40.0℃为高热，40℃以上是超高热。

3. 易激惹、烦躁。

4. 脖子僵硬，不灵活。

5. 手臂、大腿或身体的其他部位出现不能控制的抽动、痉挛。

6. 神志不清，行动怪异。

7. 呼吸时伴有杂音。

8. 吞咽困难爱流口水。

9. 皮肤上出现紫色的斑点，肤色灰白或呈暗蓝色。

10. 脉搏微弱却快、急（不满1岁的孩子每分钟脉搏超过160次；满1岁的孩子每分钟超过120次）。

11. 排尿时有灼烧感或疼痛感。

12. 腹泻时大便带血。

发热的宝宝怎么吃

发热时的饮食以流质、半流质为主，常用的流质食物有牛奶、米汤、绿豆汤及各种鲜榨果汁等。症状较重者，应暂时禁食，以减轻胃肠道负担。

好转时可改为半流质饮食，如藕粉、米粥、鸡蛋羹、面片汤等。饮食以清淡、易消化为原则，少食多餐。不必盲目忌口，以防营养不良，抵抗力下降。

家长请注意

发热伴有腹泻、呕吐，但症状较轻的，可以让其少量、多次服用自制的口服糖盐水。病情好转后不宜让宝宝过量进食，不宜吃海鲜或过咸、过油腻的菜肴。

翟桂荣每日指导·断奶餐

西瓜汁粥

材料

西瓜100克，大米50克。

做法

1. 西瓜洗净，去子，取瓤，榨汁；大米淘净。
2. 将大米放入锅中，加入适量清水煮至米烂粥熟时，调入西瓜汁，再煮一二沸即可。

适合
6个月以上
的宝宝

适合
10个月以上
的宝宝

绿豆汁

材料

绿豆50克。

做法

1. 绿豆洗净，浸泡4小时；取出，放入锅内，加入适量清水，煮至绿豆开花后捞出绿豆皮，续煮5分钟关火。
2. 将绿豆及煮绿豆的水倒入豆浆机中，接通电源，按下"豆浆"启动键，20分钟左右即可做好。

荸荠瘦肉汤

材料

荸荠50克，猪瘦肉、胡萝卜各30克。

调料

葱花、盐各少许。

做法

1. 荸荠、胡萝卜去皮，洗净，切碎；猪瘦肉洗净，切丁。
2. 油锅烧热，炒香葱花，下入备好的食材翻炒片刻，淋入适量水，中火煮20分钟，入盐调味即可。

适合
12个月以上
的宝宝

CHAPTER

6

断奶期不适的饮食调理

宝宝风寒感冒怎么吃

宝宝生病感冒，确实让家长揪心。而感冒也有多种类型，风寒感冒通常是受凉或感染病毒引起的。

症状表现

风寒感冒属于太阳经症，太阳开机受阻。其症状为：

1. 后脑疼，连带脖子转动不灵活。

2. 怕寒怕风，周身酸痛，通常要穿很多衣服或盖厚被子才感到舒服些。

3. 打喷嚏，流清涕，分泌物为白色或浅黄色；鼻塞声重。

4. 舌无苔或薄白苔。

风寒感冒的宝宝怎么吃

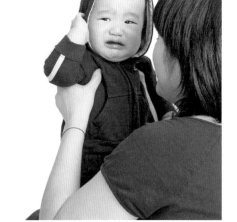

得了风寒感冒的宝宝应该多吃富含维生素A、维生素C的食物。注意营养的合理搭配，在以清淡饮食为主的前提下，可以适当增加一些营养丰富的食物。感冒后，宝宝身体内部的水分流失较多，要注意及时、适当地为宝宝补充水分。但不要一次让宝宝补充大量的水分，可以分多次补充水分。

家长请注意

凡风寒感冒期间，忌吃一切滋补、油腻、酸涩食物，诸如猪肉、羊肉，各种海鱼、虾、螃蟹，桂圆肉、石榴、乌梅，以及各种黏糯的甜点食品。还要忌食生冷蔬果及茶饮，如生萝卜、梨、苦瓜、罗汉果、金银花、白菊花、胖大海等。

葱豉汤

材料
淡豆豉15克，葱白2根。

做法
1. 淡豆豉、葱白洗净，葱白切小段。
2. 将淡豆豉放入锅中，加水适量煮沸约3分钟，加入葱白段，续煮2分钟关火。宝宝取汤饮用。

适合
6个月以上
的宝宝

适合
8个月以上
的宝宝

紫苏米糊

材料
大米30克，紫苏叶10克。

做法
1. 大米淘净；紫苏叶洗净，切碎。
2. 将紫苏叶、大米倒入豆浆机中，加凉白开到机体水位线间，接通电源，按下"米糊"启动键，20分钟左右米糊即可做好。

姜糖水

材料
生姜1小块，红糖少许。

做法
1. 生姜洗净，去皮，切细丝。
2. 将生姜放入锅中，加入适量清水，用大火煮沸10分钟，放入红糖，再煮开即关火。

适合
11个月以上
的宝宝

CHAPTER

6

断奶期不适的饮食调理

宝宝风热感冒怎么吃

风热感冒是风热之邪犯表、肺气失和所致，多见于夏秋季。中医认为，风热感冒是感受风热之邪所致的表征。

症状表现

风热感冒，多发生于气候温暖的季节，如春末、夏季和初秋等，是感受风热邪气引起的疾病。风热感冒的症状表现为：

1.发热重，但怕冷怕风不明显。

2.鼻塞，流浊涕，咳嗽声重，或有黏稠黄痰。

3.头痛，口渴喜饮，咽红、咽干或痛痒。

4.大便干，小便黄。

5.检查可见扁桃体红肿，咽部充血。

6.舌苔薄黄或黄厚，舌质红、脉浮而快。

风热感冒的宝宝怎么吃

风热感冒的宝宝饮食上要忌食酸涩食品，其次要忌食辛热食物，还要忌食肥甘厚味。饮食宜清淡稀软，要多喝水。还可以适当吃些性凉的食物，如菊花、白菜、白萝卜、甜梨、荸荠等。

家长请注意

防治宝宝的风热感冒，非常有效的办法是让宝宝保持充足的睡眠，睡眠不足就会造成免疫力下降，容易感冒生病。平常多喝水、多吃水果，也是防治风热感冒的重要环节，这也有利于体内毒素的排出。另外，还要在饮食中注意给宝宝增加营养，适量吃点鸡蛋、鱼类、瘦肉、乳制品等富含蛋白质的食物，以增强体质和免疫力，减少生病。

翟桂荣每日指导·断奶餐

野菊葱须汤

适合
8 个月以上
的宝宝

🫛 材料
野菊花5克，带须葱白1根。

🥣 做法
1. 带须葱白洗净，切段。
2. 将野菊花、带须葱白一起放入砂锅中，加水3小碗，煎至1小碗后取汁液。
3. 锅中再加1碗水煎至半碗，取汁与前次合并即可。

适合
10 个月以上
的宝宝

金银花粥

🫛 材料
金银花5克，大米50克。

🥣 做法
1. 金银花洗净浮尘，放入砂锅中，倒入适量清水，烧开后转小火续煮15分钟，取汁。
2. 大米淘净，加入金银花汁，煮至米粒熟烂即可。

薄荷粥

🫛 材料
薄荷叶5克，大米50克。

🧂 调料
盐适量。

🥣 做法
1. 薄荷叶洗净，放入锅中，加适量清水水煎取汁。
2. 大米淘净，加入薄荷汁，煮至米粒熟烂时加盐调味，再煮一二沸即可。

适合
13 个月以上
的宝宝

CHAPTER

6

断奶期不适的饮食调理

宝宝咳嗽怎么吃

咳嗽不是病，是人体的一种保护性呼吸反射动作。咳嗽的产生，是由于当异物、刺激性气体、呼吸道分泌物等刺激呼吸道黏膜感受器时，冲动通过传入神经纤维传到延髓咳嗽中枢，引起咳嗽。

症状表现

1.患慢性咳嗽时，宝宝在夜间睡眠时咳嗽会加剧，有些会出现哮鸣声或喘的现象。

2.患急性咳嗽时，除了咳嗽、流涕、呼吸变浅快等症状，有时会伴有咻咻的喘鸣声，严重时还会出现呼吸窘迫，甚至发绀。

3.风寒咳嗽表现为痰清稀，伴有头痛、流清涕、鼻塞、怕冷及发热等。

4.风热咳嗽一般表现为干咳、无痰、口干、咽干喉痛等。

咳嗽的宝宝怎么吃

宝宝咳嗽期间，要尽量保证每天的奶量，同时还要少量多次地补水，补充足够的水分有助于排毒，还能稀释痰液。如果宝宝已经吃断奶餐了，可以多给他吃新鲜的蔬菜和水果。但蔬菜一定要切得细碎，有利于宝宝消化。水果中的苹果和梨可以做成果泥，也可以榨汁稀释后给宝宝喝。

家长请注意

咳嗽伴有食欲不振时，在烹调方法和食物品种的选择上家长要多下功夫，以清淡、爽口并适应孩子口味的食物为宜。新鲜蔬菜可为孩子提供多种维生素和矿物质，豆制品、瘦肉含优质蛋白质，均可适量添加到辅食中。菜肴要避免过咸，尽量以蒸煮为主。主食等按平时进食量供给即可。

Tips 宝宝咳嗽期间最好不要喝柚子汁和橙汁，过酸的食物会刺激呼吸道黏膜，加重咳嗽；过甜的水果会加重宝宝消化系统的负担，这时最好要避免。

木瓜百合汁

材料

木瓜60克，鲜百合20克。

做法

1. 木瓜洗净，去皮、去子，切小块；鲜百合洗净，切碎。
2. 将木瓜、百合放入豆浆机中，加凉白开到机体水位线间，接通电源，按下"果蔬汁"键，搅打均匀过滤后倒入杯中即可。

适合5个月以上的宝宝

适合6个月以上的宝宝

荸荠雪梨汁

材料

荸荠30克，雪梨50克。

做法

1. 荸荠去皮，洗净，切小块；雪梨洗净，去皮、去核，切小块。
2. 将荸荠、雪梨放入锅中，加适量清水，用中火煮20分钟，凉温；放入料理机中搅打均匀过滤后即可。

芥菜粥

材料

芥菜叶、大米各30克。

做法

1. 将芥菜叶洗净，切碎；大米淘净。
2. 将大米放入锅中，加清水适量煮粥，待煮至粥熟米烂时，调入芥菜叶，再煮一二沸即可。

适合6个月以上的宝宝

CHAPTER

6

断奶期不适的饮食调理

杏仁米糊

适合
12 个月以上
的宝宝

材料

大米30克，杏仁20克。

做法

1. 大米淘净；杏仁洗净。
2. 将杏仁、大米放入豆浆机中，加适量清水，接通电源，按下"米糊"启动键，20分钟左右米糊即可做好。

适合
12 个月以上
的宝宝

白萝卜紫菜汤

材料

白萝卜80克，无沙干紫菜3克。

调料

葱丝、香油各少许。

做法

1. 将白萝卜洗净，去皮，切丝；放入锅内，加入适量清水煮至白萝卜丝熟透。
2. 放入紫菜搅拌均匀，淋上香油，撒上葱丝即可。

白萝卜牛肉饭

材料

软饭、牛肉各30克，白萝卜20克。

调料

姜碎、盐各少许。

做法

1. 白萝卜洗净，去皮，切碎；牛肉洗净，切碎。
2. 油锅烧热，煸香姜碎，放入牛肉、白萝卜翻炒片刻，加少许清水及盐焖至肉熟萝卜烂，将软饭入锅拌匀即可。

适合
13 个月以上
的宝宝

7 家庭常用
断奶餐食材

绿色食物·
绿色食物入肝，具有清肝解毒、调养气血、调和脾胃、维护视力、调节情志等功效。常见的绿色食物包括菠菜、芹菜、黄瓜、西蓝花等。

红色食物·
红色食物养心。具有益气补血、增强免疫力、抗氧化、抗炎消肿的作用。常见的红色食物包括番茄、红甜椒等。

黄色食物·
黄色食物养脾。具有健胃和脾、强筋壮骨、抗氧化、增强免疫力、防辐射等功效。常见的黄色食物包括南瓜、玉米、胡萝卜等。

白色食物·
白色食物养肺。具有润肺益气、抗氧化、增强免疫力、降血脂等作用。常见的白色食物包括牛奶、大米、大蒜、鸡肉、鱼肉等。

黑色食物·
黑色食物养肾，具有补肾的功效。而黑色食物的颜色主要来自于花青素，花青素有较强的抗氧化、防辐射等作用，能降低癌症的发病率。常见的黑色食物包括黑米、黑芝麻、黑莓、木耳等。

第一节 水果

苹果

苹果是宝宝辅食的首选，可以刮泥，也可以榨汁。

明星营养素 膳食纤维、铁、维生素E

● **食物性味及营养价值**

苹果性凉，味甘、酸，归脾、胃经。苹果含有多种维生素、矿物质、膳食纤维、碳水化合物等营养素，可减轻腹泻，促进胃肠蠕动，缓解宝宝便秘，增强记忆力。

● **专家有话说**

由于苹果果酸和果糖含量较多，对牙齿有较强的腐蚀作用，吃完之后要及时漱口。

Tips 随着宝宝月龄的增长，宝宝正确吃苹果的顺序应该是：一勺汁、一勺泥、一条一条吃。

香蕉

香蕉是宝宝理想的断奶食物，还是会让宝宝快乐的水果。

明星营养素 膳食纤维、碳水化合物、钾

● **食物性味及营养价值**

香蕉性寒，味甘，归肺、脾经。香蕉含有丰富的钾、碳水化合物、蛋白质、膳食纤维等营养素，能补充宝宝所需的热量和营养，还具有润肠通便、除烦解毒的功效。

● **专家有话说**

一定要让宝宝吃熟透的香蕉，因为生香蕉含有鞣酸。鞣酸具有非常强的收敛作用，可以造成宝宝便秘。

Tips 制作好的香蕉泥很容易氧化而变黑，可以在里面滴几滴柠檬汁来防止香蕉泥变黑。

梨

在宝宝添加辅食初期，梨要选择比较绵软的品种，比如酥梨。

 明星营养素 水、膳食纤维、锌

● **食物性味及营养价值**

梨性凉，味甘、微酸，归肺、胃经。梨含有水、碳水化合物、膳食纤维、钙、磷、铁等营养素，有清热解毒、润肺生津的功效。能促进宝宝消化吸收，帮助减缓宝宝的便秘症状，还有预防和缓解宝宝咳嗽的作用。

● **专家有话说**

梨有利尿作用，宝宝睡前应少吃梨，以免夜尿过多而影响睡眠。

 给宝宝做梨酱，可以用蒸的方式把梨做熟，然后压碾成酱。不需要用水煮，否则水太多。

草莓

草莓营养丰富，容易咀嚼，很适合用于断奶餐。

明星营养素 碳水化合物、维生素C、钙

● **食物性味及营养价值**

草莓性凉，味甘、酸，归脾、胃经。草莓含有丰富的维生素C，还富含果糖、葡萄糖、果胶、胡萝卜素、钾、钙、铁等营养素，对宝宝骨骼、皮肤和神经系统的发育均有良好的保健作用，对宝宝的大脑和智力发育也有利。

● **专家有话说**

宝宝肠胃功能还不完善，吃的时候要控制食用量。

 草莓吃之前要认真清洗，最好用流水冲洗，并且要带蒂清洗，以免农药渗入果实中。然后再用淡盐水浸泡5分钟，彻底去掉农药残留。

山楂

山楂有很高的营养价值和医用价值，可开胃促食。

明星营养素 钾、胡萝卜素、维生素C

● **食物性味及营养价值**

山楂性微温，味甘、酸，归脾、胃、肝经。山楂富含维生素C、胡萝卜素等营养素，能提高宝宝机体免疫力，增强体质。另外，山楂有消食化积的功效，能调理宝宝脾胃。

● **专家有话说**

山楂只消不补，无食物积滞者勿用。饭前饭后少量吃几片山楂，可增加宝宝食欲，帮助消化，但不可食入过量。

煮山楂时，应避免用铁锅，以免山楂所含丰富的维生素C与铁发生反应，造成营养流失。

西瓜

西瓜能消暑解热，在宝宝6个月之后可以适量食用。

明星营养素 水、葡萄糖、胡萝卜素

● **食物性味及营养价值**

西瓜性寒，味甘，归心、胃、膀胱经。西瓜含水丰富，并还有胡萝卜素、B族维生素、维生素C等营养素，能够消暑解热、除烦润肤，具有很好的补水作用。

● **专家有话说**

西瓜属于凉性食物，宝宝不能大量食用，否则会造成胃液稀释，再加上婴儿消化功能没有发育完全，易引起呕吐、腹泻。

给婴儿吃西瓜时一定要把西瓜子弄净，以免发生便秘或瓜子误入气管，发生危险。

葡萄

葡萄品种很多，营养丰富，是老少皆宜的水果。

明星营养素 葡萄糖、钙、铁

● **食物性味及营养价值**

葡萄性平，味甘、酸，归肺、脾、肾经。葡萄富含葡萄糖、维生素和多种矿物质元素，具有健脾和胃的功效。把葡萄制成葡萄干后，糖和铁的含量会相对高，是体弱、贫血宝宝的滋补佳品。

● **专家有话说**

吃葡萄后不要立即喝水，因为葡萄本身有通便润肠之功效，吃完葡萄立即喝水，会加速肠道蠕动，易产生腹泻。

清洗葡萄时，可以将葡萄用清水冲透，放在盆中撒上淀粉或面粉，用手轻轻搓洗，再用清水冲净即可。

猕猴桃

猕猴桃果肉多汁，清香鲜美，甜酸宜人。

明星营养素 维生素C、膳食纤维、钾

● **食物性味及营养价值**

猕猴桃性凉，味甘、酸，归肝、胃经。猕猴桃含有丰富的维生素C和膳食纤维，既可以给宝宝提供丰富的营养，还对缓解宝宝的便秘有很好的作用。

● **专家有话说**

刚开始给宝宝喂食猕猴桃，最好榨成果汁喂食。

用刀将洗净的猕猴桃头尾切掉，然后顺着皮用勺子插进去转一圈，就可以轻松取出果肉了。

红枣

红枣自古以来就被列为"五果"之一，营养丰富。

明星营养素 膳食纤维、维生素C、钾

● **食物性味及营养价值**

红枣性温，味甘，归脾、胃经。红枣中的维生素可提高宝宝的免疫力；红枣中的钾是宝宝必需的营养物质，可以促进心脏和肌肉的正常发育；红枣还富含膳食纤维，可以预防宝宝便秘。

● **专家有话说**

干枣含有的碳水化合物、膳食纤维高于鲜枣，可防治便秘。但干枣与鲜枣相比，维生素C损失较多。

由于红枣中含糖量较高，吃多了容易导致龋齿。宝宝吃完后一定要漱漱口。

橙子

橙子颜色鲜艳，酸甜可口，是深受人们喜爱的水果。

明星营养素 维生素C、胡萝卜素

● **食物性味及营养价值**

橙子性凉，味酸，归肺、肝、胃经。橙子含有丰富的维生素C、胡萝卜素，能增强宝宝机体抵抗力，增加毛细血管的弹性；橙子还含有膳食纤维，可促进宝宝肠道蠕动，有利于清肠通便，排出体内有害物质。

● **专家有话说**

吃橙子前后1小时内不要喂宝宝喝奶，因为牛奶中的蛋白质遇到果酸会凝固，影响消化吸引。

把橙子按在桌子上或两只手攥住，然后反复揉搓几下，再剥皮就很容易了。

橘子

橘子颜色鲜艳，酸甜可口，是出名的多维C食物。

明星营养素 维生素C、胡萝卜素、有机酸

● **食物性味及营养价值**

橘子性平，味甘、酸，归肺、胃经。橘子富含维生素C和胡萝卜素，有助于提高宝宝的免疫力；橘子中还含有大量柠檬酸、苹果酸和膳食纤维，具有开胃消食、排毒通便的作用。

● **专家有话说**

宝宝不要空腹吃橘子，因为橘子果肉中含有一定量的有机酸，容易对胃黏膜产生刺激。

剥橘子时，不要靠近气球，因为橘子皮上的汁液碰到气球易使气球爆炸。

香瓜

香瓜口感脆、甘甜，老少皆宜。

明星营养素 葡萄糖、水、钾

● **食物性味及营养价值**

香瓜性寒，味甘，归心、胃经。香瓜含有钾、钙、磷、铁等矿物质以及水，有消暑解烦、润肠通便的功效。

● **专家有话说**

香瓜虽好，但给宝宝吃也要适量，香瓜糖分含量较高，过多的糖分会给宝宝的身体带来负担。

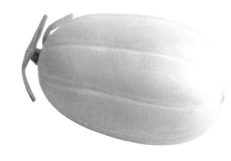

香瓜可以直接用勺子刮着给宝宝吃果泥，但要随吃随刮，以防表面氧化。

蓝莓

蓝莓起源于北美，因果实呈蓝色，故称为蓝莓。

明星营养素 花青素、维生素C、膳食纤维

● **食物性味及营养价值**

蓝莓性凉，味甘、酸，归心、大肠经。蓝莓含花青素，具有活化视网膜功效，对宝宝眼睛发育十分有利；蓝莓含有丰富的膳食纤维、维生素C及钙、铁、磷、钾、锌、锰等营养素，可以增强宝宝骨质密度、防止便秘、提高免疫力。

● **专家有话说**

蓝莓汁液中的某些成分会导致蛋白质的凝固，所以，蓝莓不要与牛奶等乳制品一起食用。

Tips 给宝宝吃蓝莓要注意块的大小，刚开始可以做成果汁、果泥给宝宝吃。

火龙果

火龙果属热带水果，颜色鲜艳，含糖量相对高，营养丰富。

明星营养素 维生素C、膳食纤维、铁

● **食物性味及营养价值**

火龙果性凉，味甘、酸，归胃、大肠经。火龙果富含花青素和维生素C，可以提高宝宝免疫力；火龙果富含水溶性膳食纤维，具有润肠通便的功效；火龙果含铁丰富，对预防缺铁性贫血有一定作用。

● **专家有话说**

火龙果含糖比较高，应注意宝宝的食用量。

Tips 将火龙果切头去尾，然后在火龙果的表皮上竖划一刀，把皮划开，一整张果皮就容易剥下来了。

枇杷

枇杷，枇杷原产中国东南部，因叶子形状似琵琶乐器而得名。

明星营养素 铁、胡萝卜素、钾

- **食物性味及营养价值**

枇杷性凉，味甘、酸，归肺、脾经。枇杷富含胡萝卜素，具有保护视力、维持皮肤健康润泽、促进宝宝身体发育的作用。枇杷还能刺激消化液分泌，可增进食欲、帮助消化；宝宝吃枇杷还可以止咳、润肺、清热、利尿。

- **专家有话说**

多食枇杷容易助湿生痰，所以，宝宝不要一次吃太多，每次1~2个就好。

枇杷洗净后，用光滑的片状物刮枇杷的表皮，把整个枇杷表面都刮过一遍之后再去撕皮，就很容易撕下来了。

樱桃

樱桃成熟期早，有"早春第一果"的美誉。

明星营养素 铁、花青素、膳食纤维

- **食物性味及营养价值**

樱桃性温，味甘、酸，归脾、肾经。樱桃含有丰富的铁元素，有一定的补血功效；樱桃还富含花青素，具有抗辐射、抗氧化作用；樱桃具有调中益气、健脾和胃的作用，对食欲不振、消化不良的宝宝均有益。

- **专家有话说**

给宝宝喂食樱桃时一定要注意去除核，以免引起呛咳甚至窒息。

用一根筷子抵住樱桃的顶端，然后穿透樱桃，从樱桃长蒂的一端穿透出来，樱桃核就很轻松带出来了。

第二节 蔬菜、菌藻

油菜

油菜是生活中常见的蔬菜，营养丰富，食疗价值称得上是蔬菜中的佼佼者。

明星营养素 钙、维生素C、叶酸

● **食物性味及营养价值**

油菜性平，味甘，归脾、肝、肺经。油菜含有钙、铁、维生素C及胡萝卜素等多种营养素，有助于增强宝宝机体免疫力；油菜中叶酸含量较高，能促进宝宝大脑发育，有助于预防神经管畸形。

● **专家有话说**

油菜也有可能成为过敏原，所以刚开始给宝宝添加时，要多加注意是否出现过敏症状。

Tips 食用油菜时要现做现切，并用大火爆炒，这样既可保持鲜脆，又可使营养成分不被破坏。

西蓝花

西蓝花肉质细嫩，味甘鲜美，是宝宝必选的断奶餐食材。

明星营养素 胡萝卜素、维生素C

● **食物性味及营养价值**

西蓝花性平，味甘，归脾、肾、胃经。西蓝花中的胡萝卜素、维生素C含量极高，不但有利于宝宝的生长发育，还能提高免疫功能，增强抗病能力。

● **专家有话说**

西蓝花属于易胀气食物，给宝宝吃的时候要注意量，每次不要多，以免引起宝宝腹胀。

Tips 西蓝花在烹调时烧煮时间不宜过长，以免破坏营养成分。

芹菜

芹菜味清香、质甜脆，营养丰富，具有开胃促食的作用。

明星营养素 膳食纤维、钾、叶酸

● **食物性味及营养价值**

芹菜性凉，味甘、辛，归肺、肝、膀胱经。芹菜含有丰富的膳食纤维，宝宝吃芹菜可以帮助胃肠蠕动，预防便秘。芹菜叶含叶酸较高，对预防贫血有一定作用。

● **专家有话说**

芹菜富含膳食纤维，宝宝肠胃功能还不完善，给宝宝食用的时候应尽量切碎些。

Tips

芹菜叶中所含的胡萝卜素和维生素C比茎多，因此不要把能吃的嫩叶扔掉。

大白菜

大白菜味道鲜美，营养丰富，素有"菜中之王"的美称。

明星营养素 水、胡萝卜素、维生素C

● **食物性味及营养价值**

大白菜性凉，味甘，归大肠、胃经。大白菜中水、胡萝卜素、维生素C的含量较高，对宝宝的肠道健康、视力发育和免疫力的提高都有很大帮助，具有润燥通便、利尿排毒的作用。

● **专家有话说**

大白菜性凉，含的膳食纤维可促进肠道蠕动，故大便溏泄的宝宝尽量少食大白菜。

Tips

食用大白菜时不要将菜帮去净，因为菜帮中营养含量也很丰富。

胡萝卜

胡萝卜是一种质脆味美、营养丰富的家常蔬菜，素有"小人参"之称。

明星营养素 膳食纤维、胡萝卜素

● **食物性味及营养价值**

胡萝卜性平，味甘、辛，归肺、脾经。胡萝卜含有丰富的胡萝卜素，有补肝明目的作用；胡萝卜含有膳食纤维，可促进肠道蠕动，预防便秘。

● **专家有话说**

胡萝卜虽好，但宝宝不要过量食用，因为大量摄入胡萝卜素会令皮肤的颜色产生变化。

胡萝卜最好与油煸炒后食用，因为胡萝卜素是脂溶性维生素，与油混合后食用有利于营养吸收。

南瓜

南瓜既可以当菜又可以代粮，还有一定的食疗价值，被称为"宝瓜"。

明星营养素 碳水化合物、胡萝卜素、硒

● **食物性味及营养价值**

南瓜性温，味甘，归脾、胃经。南瓜含有丰富的胡萝卜素、碳水化合物、锌等营养素，有健脾和胃、预防便秘的功效；南瓜含有的硒有抗氧化作用，是宝宝生长发育的重要物质。

● **专家有话说**

南瓜含有丰富的胡萝卜素，大量食用易造成皮肤黄染。所以给宝宝食用南瓜，每天不要超过一顿主食的量。

红皮和黄皮的南瓜含淀粉较多，适合蒸着吃或做成各种南瓜糕点；青皮的南瓜水分大、质脆，适合炒着吃。

茄子

茄子是为数不多的紫色蔬菜，具有较强的抗氧化作用。

明星营养素 膳食纤维、维生素E、花青素

● **食物性味及营养价值**

茄子性凉，味甘，归脾、胃、大肠经。茄子含有花青素、膳食纤维、维生素E等营养成分，具有清热止血、消肿止痛的功效，对于宝宝口舌生疮有一定的缓解作用，还能预防便秘。

● **专家有话说**

生茄子中含有一种叫龙葵素的毒素，所以一定要做熟了，以免宝宝因为吃生茄子而中毒。

茄子是吸油能力很强的蔬菜，可在锅中先焗至出水，或预先蒸熟再炒，这样可减少用油，更有利健康。

番茄

番茄外形美观，色泽鲜艳，汁多肉厚，酸甜可口，生吃或烹调味道都很不错。

明星营养素 维生素C、胡萝卜素、番茄红素

● **食物性味及营养价值**

番茄性微寒，味甘、酸，归脾、胃经。番茄含有丰富的胡萝卜素，在人体内可以转化为维生素A，能促进宝宝上皮组织和视力发育；番茄富含维生素C，能促进小儿免疫力，防治感冒；番茄含有的番茄红素有很好的抗氧化功能。

● **专家有话说**

不要吃未成熟的番茄，因为其中含有有毒的番茄碱，食用后会出现恶心、呕吐、全身乏力等中毒症状。

将番茄用开水烫后再去皮，可方便地撕去外皮。

豌豆

豌豆属豆科植物，既可作蔬菜炒食，又可磨成豌豆面食用。

明星营养素 蛋白质、膳食纤维、钾

● **食物性味及营养价值**

豌豆性平，味甘，归脾、胃经。豌豆富含优质蛋白质，可以提高机体的抗病能力和康复能力；豌豆含有的膳食纤维，能促进胃肠蠕动，起到清肠促便的作用；豌豆还富含铁和钾，是非常好的食疗食物。

● **专家有话说**

给宝宝最好吃新鲜豌豆，而且一次量不要多，因为豌豆吃多了可能引起宝宝消化不良、腹胀等症状。

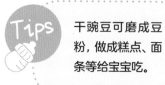

Tips 干豌豆可磨成豆粉，做成糕点、面条等给宝宝吃。

莲藕

莲藕微甜而脆，可生食也可做菜，而且药用价值也很高。

明星营养素 膳食纤维、维生素C、碳水化合物

● **食物性味及营养价值**

生藕性寒，味甘，归心、脾、胃经。莲藕中含有黏液蛋白、膳食纤维、碳水化合物，具有健脾止泻、增进食欲的作用；莲藕富含维生素C等，可增强免疫力。

● **专家有话说**

给宝宝吃藕最好做熟了吃。一来宝宝脾胃比较虚弱，生藕性偏凉，生吃较难消化；二来生藕可能寄生姜片虫，生吃会影响宝宝健康。

Tips 烹饪莲藕时不要用铁锅、铁铲等铁具，以免使藕变黑。

黄瓜

黄瓜脆嫩清香，味道鲜美，营养丰富，人们还常把它当作水果来食用。

● **食物性味及营养价值**

黄瓜性凉，味甘，归脾、胃、肺经。黄瓜中的黄瓜酶能促进宝宝的新陈代谢；黄瓜含钙、磷、铁、钾及多种维生素，具有提高宝宝免疫功能的作用。黄瓜还具有润燥利尿、消肿除热的作用，非常适合宝宝食用。

● **专家有话说**

黄瓜在生长、采摘、运输、销售过程中易受大肠杆菌、痢疾杆菌、蛔虫卵等病菌污染，所以一定要彻底洗净再给宝宝吃。

> **Tips**
> 黄瓜尾部含有较多的苦味素，有抗癌的作用，吃时最好保留黄瓜尾部。

丝瓜

丝瓜细长翠绿，鲜嫩清香，药用价值很高。

● **食物性味及营养价值**

丝瓜性凉，味甘，归肝、胃经。丝瓜中含有蛋白质、水、膳食纤维、磷、硒等多种营养素，具有润肠利水的作用，有助于排便；丝瓜还有很好的化痰、凉血作用，可以起到止痒祛痱、利咽润燥的作用。

● **专家有话说**

丝瓜性凉，一次不宜食用过多，以免引起腹泻。

> **Tips**
> 丝瓜在烹调过程中很容易氧化变黑，烹饪时要尽量减少与空气接触的时间，即可避免吃到"黑丝瓜"。

冬瓜

冬瓜果肉厚，味淡，嫩瓜或老瓜均可食用。

明星营养素 水、钾、维生素C

● **食物性味及营养价值**

冬瓜性微寒，味甘、淡，归肺、大肠、小肠经。冬瓜含膳食纤维、钾、维生素C、水等多种营养素，对宝宝头发、皮肤和骨骼有重要作用。同时，冬瓜有利尿消肿、清热解暑的功效，有利于宝宝排毒。

● **专家有话说**

冬瓜性凉，宝宝不宜多食。如果宝宝出现消化不良、腹痛、腹泻等情况，就不要给宝宝吃冬瓜了。

在夏天可以用冬瓜皮煮水给宝宝喝，对预防宝宝长痱子有一定作用。

海带

海带富含碘和膳食纤维，药食两用，有"长寿菜""海上之蔬""含碘冠军"的美誉。

明星营养素 碘、钙、膳食纤维

● **食物性味及营养价值**

海带性寒，味咸，归脾、肾经。海带里面含有丰富的碘，能预防甲状腺疾病；海带还含有人体所需的钙、膳食纤维等营养素，宝宝多吃海带能提升免疫力，有助于补钙，促进骨骼发育。

● **专家有话说**

海带中含有一定量的砷，摄入过多的砷可引起宝宝中毒。因此，食用海带前应先用水充分漂洗，使砷溶于水中。

用淘米水来泡发海带，既易发易洗，烧煮时也易酥软。

木耳

木耳质地柔软，口感脆嫩，味道鲜美，风味特殊，是一种营养丰富的食用菌。

明星营养素 膳食纤维、铁、维生素E

● **食物性味及营养价值**

木耳性平，味甘，归大肠、肺、肝经。木耳中的膳食纤维可将消化道的杂质、毒素吸附起来排出体外，起到保护肠胃的作用。同时，木耳富含铁，对预防宝宝缺铁性贫血也有一定的作用。

● **专家有话说**

鲜木耳含有一种叫卟啉的光感物质，人食用后经太阳照射可引起皮肤瘙痒、水肿。而干木耳是经暴晒处理的成品，在食用前又经水浸泡，剩余卟啉会溶于水，因此水发的干木耳可安全食用。

Tips　木耳正确的泡发方法是用冷水或者温水浸泡，让干木耳自然膨胀至原体积4倍左右，这样泡出来的木耳口感脆嫩爽口。

香菇

香菇是我国食用历史悠久的优良食用菌，营养丰富、味道鲜美，有"山珍之王"的美称。

明星营养素 蛋白质、烟酸、膳食纤维

● **食物性味及营养价值**

香菇性平，味甘，归脾、胃经。香菇高蛋白、低脂肪，还含有一般蔬菜缺乏的麦固醇，后者能转化为维生素D，可预防宝宝佝偻病。另外，香菇还含有烟酸和膳食纤维，宝宝食用后能可预防口角炎和便秘。

● **专家有话说**

长得特别大的鲜香菇不要吃，因为它们多是用激素催肥的。

Tips　泡发香菇用温水比用冷水更快也更好，泡香菇的水滤去杂质后还可以做菜使用，能使菜品格外鲜美。

第三节 五谷杂粮、干果

大米

大米是人们日常生活中的主食食材，也是宝宝断奶餐常用食材。

明星营养素 碳水化合物、B族维生素

● **食物性味及营养价值**

大米性平，味甘，归脾、胃、肺经。大米富含碳水化合物、B族维生素，具有健脾和胃、清肺润燥、益气的功效，有益于婴儿的发育。

● **专家有话说**

大米中缺乏维生素C，氨基酸比例也不完美，因此要避免宝宝以大米为唯一断奶餐主食材料，这样容易造成宝宝其他相关营养素缺乏。

Tips 制作大米粥时不要放碱。因为碱会破坏大米中的维生素B_1，导致维生素B_1缺乏。

婴儿米粉

婴儿米粉是以大米为主要原料，以蔬菜、水果、蛋类、肉类等选择性配料，加入多种营养素加工制成的婴幼儿食品。

明星营养素 碳水化合物、铁

● **食物性味及营养价值**

婴儿米粉性平，味甘，归脾、胃经。婴儿米粉多强化铁、锌、钙、维生素A等多种营养素，以满足宝宝不同阶段的营养所需，给宝宝提供更均衡的营养。

● **专家有话说**

婴儿米粉和配方奶粉不宜一起混合食用，以免增加宝宝的肠胃负担，影响营养素吸收。

Tips 好的米粉用适量的温水冲泡后，经充分搅拌呈润滑的糊状。

小米

小米是我国的主要粮食作物，小米粥的营养价值非常丰富，有"代参汤"之美称。

明星营养素 胡萝卜素、镁、碳水化合物

● **食物性味及营养价值**

小米性凉，味甘、咸，归胃、肾经。小米含有丰富的胡萝卜素，可以明目养眼；小米含有丰富的镁，可以保护心脏；小米含有丰富的碳水化合物，能提供热量、补充体力。

● **专家有话说**

由于小米性偏凉，所以如果宝宝属于虚寒或气滞体质，要少吃。

小米宜与黄豆混合食用。因为小米的氨基酸中缺乏赖氨酸，而黄豆中富含赖氨酸，可以起到蛋白质互补作用。

糯米

糯米质地柔软、香糯黏滑，是人们经常食用的粮食。

明星营养素 蛋白质、碳水化合物、B族维生素、钙

● **食物性味及营养价值**

糯米性温，味甘，归脾、胃、肺经。糯米营养价值高，富含蛋白质、脂肪、碳水化合物、B族维生素、钙等物质。宝宝食用糯米有温胃止泻、补肺健脾、补中益气的功能，可以增强宝宝体质，促进宝宝食欲。

● **专家有话说**

糯米性温黏腻，如果宝宝有发热、咳嗽、痰黄黏稠的症状，就不要给宝宝食用糯米或糯米制品。

给宝宝做糯米食品前，可以先将糯米浸泡后再烹制，这样更容易煮烂。

薏米

薏米是常吃的食物，也是常用的中药，还是一种美容食品。

明星营养素 碳水化合物、铁、维生素B$_1$

● **食物性味及营养价值**

薏米性微寒，味甘、淡，归脾、胃、肺经。薏米具有健脾、补肺、清热、利湿的作用。薏米中含有铁、维生素B$_1$，常食可补铁、预防炎症。

● **专家有话说**

给宝宝食用薏米除了要和谷类食物搭配外，还要和肉类食物等搭配，以保障营养均衡。而薏米不易消化，给宝宝食用要控制量。

薏米较难煮熟，在煮之前需以温水浸泡2～3小时，让它充分吸收水分，在吸收了水分后再与其他谷类一起煮就很容易熟了。

面粉

面粉是一种由小麦磨成的粉末。按面粉中蛋白质含量的多少，可以分为高筋面粉、中筋面粉、低筋面粉及无筋面粉。

明星营养素 蛋白质、碳水化合物、铁

● **食物性味及营养价值**

面粉性平，味甘，归心、脾、肾经。面粉富含蛋白质、碳水化合物、维生素B$_1$、铁等营养素，有养心益肾、健脾厚肠、除热止渴的功效。面粉制成的面条、馒头、包子等能补充人体所需的营养素，增强宝宝的体力。

● **专家有话说**

宝宝可以吃面粉制作的面食，面食是比较容易消化的食物，但切忌加入过量糖分。

给宝宝吃的面条，可以用大骨汤或鸡汤作为汤底，但一定要撇去上面的油。

玉米

玉米是粗粮中的保健佳品，对人体的健康有利，是全世界公认的"黄金作物"。

明星营养素 维生素E、B族维生素、膳食纤维

● **食物性味及营养价值**

玉米性平，味甘，归胃、大肠经。玉米中含有谷氨酸、维生素E和不饱和脂肪酸等物质，对宝宝的智力发育很有好处。玉米还富含B族维生素，可以促进宝宝生长，预防口角炎。玉米还含有大量的膳食纤维，可以刺激胃肠蠕动、加速粪便排泄，防治宝宝便秘、肠炎。

● **专家有话说**

宝宝主食只吃玉米会导致营养不良，应把它与米、面等谷物类搭配食用。

 由于宝宝味觉敏感，建议以清蒸或者水煮的方式烹调玉米即可。

燕麦片

燕麦片是一种低糖、高营养的食材。

明星营养素 B族维生素、膳食纤维、镁、铁

● **食物性味及营养价值**

燕麦片性平，味甘，归脾、大肠、肝经。燕麦含有丰富的B族维生素，有利于宝宝改善记忆力；燕麦富含膳食纤维，可润肠通便、预防便秘；燕麦含有丰富的镁、铁等矿物质，可促进神经发育、补血强体。

● **专家有话说**

燕麦里膳食纤维较多，不容易消化，最好等宝宝有了咀嚼能力后再给宝宝食用。

 给宝宝吃燕麦片，最好煮成糊状的粥再食用，这样比较利于宝宝吞咽和消化。

红豆

红豆是常见常吃的五谷杂粮，具有利水消肿的作用。

明星营养素 蛋白质、膳食纤维、钾、铁、磷

● **食物性味及营养价值**

红豆性平，味甘，归脾、胃、肾经。红豆含有丰富的蛋白质、膳食纤维、钾、铁、磷等营养素，可维持宝宝基础代谢，促进宝宝骨骼和牙齿的发育，提高宝宝免疫力和抵抗力。

● **专家有话说**

给宝宝吃红豆要注意控制量，不要吃得太多，不然容易腹泻，对宝宝肠胃健康不利。

把红豆洗净，等锅里的水烧开后再放入，再次烧开后继续煮3~5分钟，关火浸泡30分钟左右，然后再次开火，再煮10多分钟左右红豆就可以开花了。

绿豆

绿豆是我国的传统豆类食物，有"食中佳品，济世长谷"之称。

明星营养素 蛋白质、膳食纤维、钾、维生素E

● **食物性味及营养价值**

绿豆性凉，味甘，归心、肝、胃经。绿豆含有丰富的蛋白质、不饱和脂肪酸、碳水化合物、矿物质、维生素E等，可以清热解毒、明目润肠、提高身体免疫力、促进骨骼健康发育。

● **专家有话说**

绿豆汤能清热解毒，但因为绿豆性凉，所以不能天天给宝宝喝，也不能空腹给宝宝喝。

由于绿豆中含有鞣酸成分，在高温条件下遇铁会变黑，使绿豆汤汁变黑，影响食欲，所以不宜用铁锅煮绿豆。

黄豆

黄豆的营养价值很高，用黄豆制作的食品种类繁多。

明星营养素 蛋白质、大豆异黄酮、膳食纤维、钾、铁

● **食物性味及营养价值**

黄豆性平，味甘，归脾、肾、大肠经。黄豆富含蛋白质、大豆异黄酮、钾、铁等多种营养物质，适量食用黄豆及豆制品，有利于宝宝补充蛋白质，可促进宝宝肠胃健康。

● **专家有话说**

豆浆一定要煮熟了才能给宝宝喝。因为食用了不熟的豆浆，可能出现腹胀、腹泻、呕吐、发热等食物中毒症状。

Tips 炎热的夏天会使宝宝食欲不振。可以给宝宝熬点黄豆汤喝，既能补充水分，又能消暑。

红薯

红薯味道甘甜，营养丰富，既可当主食，也可做菜。

明星营养素 膳食纤维、胡萝卜素、维生素C

● **食物性味及营养价值**

红薯性平，味甘，归脾、肾经。红薯富含碳水化合物、膳食纤维，有强体、润肠的功效，可以很好地预防宝宝便秘。红薯中还富含胡萝卜素、维生素C和钾，能够提高机体免疫力。

● **专家有话说**

宝宝每次吃红薯的量不宜多，因为红薯易胀气，最好少吃、常吃。

Tips 烂红薯(带有黑斑的红薯)和发芽的红薯可使人中毒，不可食用。食用生红薯容易导致肠胃不适，应避免。

芝麻

芝麻有黑白两种，既可食用又可作为油料。

明星营养素 铁、钙、不饱和脂肪酸、维生素E、膳食纤维

● **食物性味及营养价值**

芝麻性平，味甘，归脾、肾、肝经。芝麻含有丰富的铁，是宝宝补铁首选食物；芝麻中含钙量也很高，经常食用对宝宝的骨骼、牙齿的发育都大有益处；芝麻还含有不饱和脂肪酸和维生素E，能提高脑细胞的活性；芝麻含油脂和膳食纤维，能润肠通便。

● **专家有话说**

芝麻本身有润肠通便的作用，宝宝吃多了会腹泻，便溏、腹泻的宝宝不宜食用芝麻，以免加重病情。

> **Tips**
> 芝麻仁外面有一层稍硬的膜，把它碾碎了营养物质才容易被吸收，所以整粒的芝麻应加工后再吃。

核桃

核桃与杏仁、榛子、腰果并成为"世界四大干果"，既可以生食、炒食，也可以榨油。

明星营养素 蛋白质、膳食纤维、铁、锌、维生素E

● **食物性味及营养价值**

核桃性温，味甘，归肾、肺、肝经。核桃含有丰富的蛋白质、膳食纤维、铁、锌、维生素E等营养素，有助于促进宝宝的脑部发育和神经系统发育，提高宝宝记忆力，预防宝宝便秘。

● **专家有话说**

核桃仁因含有较多脂肪，所以给宝宝吃要适量。正在上火和腹泻的宝宝不宜吃核桃。

> **Tips**
> 将核桃放入蒸锅里，水开后大火蒸10分钟关火。将蒸好的核桃放入冷水中泡10分钟，这样处理过的核桃用核桃夹剥壳，就会很容易得到完整的核桃。

翟桂荣每日指导·断奶餐

花生

花生滋养补益，民间又称其为"长生果"。

明星营养素 蛋白质、脂肪、维生素E、钾、膳食纤维

- **食物性味及营养价值**

花生性平，味甘，归脾、肺经。花生富含蛋白质、磷、钾等营养素，有健脾和胃、润肺化痰、清咽止咳的功效，对宝宝有一定的补血、强体作用；花生含有的维生素E和锌可促进宝宝增强记忆；花生中的膳食纤维可帮助宝宝排毒。

- **专家有话说**

花生含脂肪较多，不易消化，大量食用会引起消化不良，所以给宝宝食用一定要适量。另外，花生易致敏，在辅食添加过程中应格外注意。

Tips 花生最好粉碎了或做成花生酱再给宝宝吃，以防卡在宝宝呼吸道。

栗子

栗子含有多种营养素，素有"干果之王"的美称。

明星营养素 碳水化合物、胡萝卜素、钾

- **食物性味及营养价值**

栗子性平，味甘，归脾、肾经。栗子富含钾、碳水化合物、胡萝卜素等营养素，具有健脾和胃、强身健体作用，对小儿口舌生疮也很有益；栗子含有丰富的维生素C，能够预防出血。

- **专家有话说**

由于宝宝肠胃发育不全，而栗子又含有丰富的膳食纤维和油脂，容易引起饱腹感或积食，因此要注意食用量。

Tips 生栗子洗净后放入器皿中，加盐少许，用沸水浸没，盖锅盖闷5分钟后，取出栗子切开，栗皮即随栗子壳一起脱落。

第四节 肉禽蛋奶

猪肉

猪肉是我国居民食用最多的动物性食物，又被称为"餐桌之王"。

明星营养素 蛋白质、脂肪、磷、铁

● **食物性味及营养价值**

猪肉性平，味甘、咸，归脾、胃、肾经。猪肉含有丰富的蛋白质、脂肪、磷、铁等营养素，为宝宝的成长提供了优质的动物蛋白，有助于宝宝补铁养虚、增强体质、提高免疫力。

● **专家有话说**

宝宝一次不能吃太多猪肉，因为宝宝的消化系统尚未健全，吃太多会造成消化不良，可以掺杂一些蔬菜混合着吃。

猪肉应煮熟再吃，因为猪肉容易滋生细菌，有时还会有寄生虫，如果不煮熟透就吃，容易导致食物中毒。

牛肉

牛肉营养丰富且味道鲜美，享有"肉中骄子"的美称。

明星营养素 蛋白质、铁、锌、硒

● **食物性味及营养价值**

牛肉性平，味甘，归脾、胃经。牛肉富含蛋白质、铁、锌、硒等营养素，具有补脾胃、强筋骨、提高机体免疫功能的作用，非常适合生长发育期的宝宝食用。

● **专家有话说**

给宝宝吃的牛肉一定要切碎煮烂，以免因宝宝无法咀嚼吞咽而导致辅食添加失败。

给宝宝应选择牛里脊肉，其他部位的牛肉含有的筋膜比较多，不容易煮烂，更不容易嚼烂。

鸡肉

鸡肉的肉质细嫩，滋味鲜美，非常适合生长发育期的宝宝食用。

明星营养素 蛋白质、硒、烟酸

● **食物性味及营养价值**

鸡肉性温，味甘，归脾、胃经。鸡肉富含蛋白质，所含氨基酸的种类多，消化率高，很容易被宝宝吸收利用；鸡肉所含的脂肪多为不饱和脂肪，是宝宝大脑和神经系统发育必不可少的物质；鸡肉还含有硒、烟酸等，且肉质细嫩，很适合作为宝宝的断奶餐食材。

● **专家有话说**

鸡屁股是淋巴最为集中的地方，也是储存病菌、致癌物的仓库，应弃掉不要。

> **Tips**
> 鸡肉内含有谷氨酸钠，可以说是自带味精。烹调鲜鸡时宜少用调味料。

鸡肝

鸡肝的营养价值比较高，是给宝宝补血的佳品。

明星营养素 铁、硒、烟酸、维生素A

● **食物性味及营养价值**

鸡肝性微温，味甘，归肝、肾经。鸡肝中富含维生素A，能保护宝宝眼睛，维持正常视力。鸡肝中含有丰富的铁、硒、烟酸，是宝宝补铁最常用的食物，还能增强宝宝免疫力。

● **专家有话说**

肝类食物富含胆固醇，所以不要过量食用，以免影响脂质代谢。

> **Tips**
> 肝脏是最大的毒物中转站，所以，买回的鸡肝要用流水冲净血水，浸泡数分钟再烹制。

鸭肉

鸭肉肉质鲜美，适于滋补，是很多美味名菜的主要原料。

明星营养素 蛋白质、烟酸、硒

● **食物性味及营养价值**

鸭肉性平，味甘、微咸，归脾、肾、肺经。鸭肉蛋白质的氨基酸组成与人体相似，还富含不饱和脂肪酸，易于宝宝消化；鸭肉含维生素A、B族维生素、烟酸、硒等，有利抗氧化。而且鸭肉是凉补，对于虚不受补的宝宝有很好的进补作用。

● **专家有话说**

鸭肉为凉补，正在腹痛、腹泻的宝宝不宜多食。

> **Tips** 在处理及烹调鸡、鸭、鹅等禽类食物时，一定要完全煮熟才能食用。

鸭血

鸭血为鸭的血液，以取鲜血为好，是人体污物的"清道夫"。

明星营养素 蛋白质、铁

● **食物性味及营养价值**

鸭血性寒，味咸，归脾、胃、肾、肺经。鸭血中含有丰富的蛋白质，并含铁、锌等多种矿物质，是补血佳品。鸭血同时还具清洁血液、解毒的功效，可帮助宝宝代谢出体内的重金属，保护宝宝的肝脏不受有毒元素的伤害。

● **专家有话说**

宝宝吃鸭血要适量，过量食用会影响对其他矿物质的吸收。

> **Tips** 买回的鸭血用清水洗净后，放开水焯一下，尽量不要让凝块破碎。

鳕鱼

鳕鱼的鱼肉鲜嫩，鱼刺少，很适合小宝宝。

明星营养素 蛋白质、维生素D、维生素E、DHA

● **食物性味及营养价值**

鳕鱼性平，味甘，归肝、脾经。鳕鱼中富含蛋白质、DHA，还含有人体所必需的维生素A、维生素D、维生素E等营养素，是一种高营养、低热量、易于被人体吸收的海产品，对宝宝成长、增强免疫力等方面有很好的作用。

● **专家有话说**

过敏体质的宝宝要注意，如果宝宝吃海鲜出现皮肤瘙痒、红肿等现象，不适宜吃鳕鱼。

Tips 买来的鳕鱼块最好自然解冻，烹饪时可以滴几滴柠檬汁去腥。

鲈鱼

鲈鱼品种很多，肉质细嫩，刺少、爽滑，鲜味突出。

明星营养素 蛋白质、镁、硒

● **食物性味及营养价值**

鲈鱼性平，味甘，归肝、脾、肾经。鲈鱼富含蛋白质、镁、钾、硒等营养素，具有补肝肾、益脾胃、化痰止咳之效，可以促进食欲，增强体质，提高智力。

● **专家有话说**

做鲈鱼一定要烧透，吃未经煮熟的鱼或生鱼，可能会感染寄生虫。

Tips 给宝宝做鲈鱼，最好采用蒸、煮、炖等方式，不宜采用油炸、烧烤等方法。

银鱼

银鱼营养丰富，肉质鲜嫩，可用于宝宝断奶餐中。

明星营养素 蛋白质、钾、硒

● **食物性味及营养价值**

银鱼性平，味甘，归胃、脾、肺经。银鱼富含钾、蛋白质等营养素，是高蛋白、低脂肪的鱼类。可促进宝宝骨骼生长发育，有利于预防缺铁性贫血，强身健体。

● **专家有话说**

有海产品过敏史的宝宝应避免食用银鱼。

市面上出售的干银鱼，虽然好吃，但含盐量非常高。在用银鱼给宝宝制作断奶餐时，一定要注意先洗去盐分。

三文鱼

三文鱼属于深海鱼，鳞小刺少，肉质细嫩鲜美，是深受人们喜爱的鱼类。

明星营养素 蛋白质、烟酸、硒、碘

● **食物性味及营养价值**

三文鱼性温，味甘，归胃经。其中的优质蛋白质很容易被宝宝消化；较多的不饱和脂肪酸有利于宝宝大脑发育；富含的硒、碘等矿物质对宝宝骨骼、肌肉生长大有益处。

● **专家有话说**

三文鱼属于海鲜类，在宝宝感冒、上火、有炎症的时候最好不吃。

给宝宝吃三文鱼一定要做熟了吃，不能生食。

虾

虾肉肥嫩鲜美，含钙量高，是滋补佳品。

明星营养素 蛋白质、钙、钾

● **食物性味及营养价值**

虾性温，味甘，归肝、肾经。虾富含蛋白质，且肉质松软，易消化，可以提高宝宝免疫力；虾含有丰富的钙，有助于宝宝骨骼和牙齿发育；虾里面丰富的钾，有助于维持宝宝体内的酸碱平衡。

● **专家有话说**

虾是易致敏食物，对海鲜过敏的宝宝不宜过高添加食用。另外，给宝宝吃虾时，至少应间隔2小时再吃水果。

Tips 色发红、身软、掉头的虾不新鲜，尽量不吃；腐败变质的虾不可食用。

鸡蛋

鸡蛋含有人体所需多种营养物质，是宝宝断奶餐的必备食材。

明星营养素 蛋白质、卵磷脂、维生素A、硒

● **食物性味及营养价值**

鸡蛋性平，味甘，归肺、脾、胃经。鸡蛋含有丰富的蛋白质、脂肪、维生素A和硒等营养素，对肝脏组织损伤有修复作用，提高宝宝免疫力；鸡蛋黄中的卵磷脂对宝宝神经系统和身体发育有益。

● **专家有话说**

不宜给发热的宝宝吃鸡蛋食品，因为吃了鸡蛋后，身体会产生额外的热量，不利于宝宝的病情康复。

Tips 对婴幼儿来说，蒸蛋羹、煮鸡蛋、蛋花汤比较适合，因为其蛋白质更易被宝宝消化吸收。

酸奶

酸奶是鲜奶经过乳酸菌发酵制成的，与人奶很相似，容易消化。

明星营养素 蛋白质、钙

● **食物性味及营养价值**

酸奶性平，味甘、酸，归心、肺、胃经。酸奶中含半乳糖、乳酸菌和钙，可促进宝宝骨骼生长发育。常饮酸奶可以有效抑制肠道有害菌的产生，提高宝宝免疫力。

● **专家有话说**

酸奶中所含的酸性物质容易引发龋齿，所以宝宝食用后要及时漱口。

> **Tips** 酸奶不宜加热，一经加热，所含的大量活性益生菌便会被杀死，不能达到保健作用。

奶酪

奶酪是牛奶经浓缩，发酵而成的奶制品，它基本上排除了牛奶中大量的水分，保留了其中营养价值极高的物质。

明星营养素 蛋白质、钙、脂肪、磷

● **食物性味及营养价值**

奶酪性平，味甘、酸，归心、肺、胃经。奶酪含钙极高，而且这些钙宝宝很容易吸收，可促进宝宝骨骼和牙齿发育；奶酪还富含蛋白质、脂肪、磷等营养素，可促进发育，令宝宝肌肤娇嫩。

● **专家有话说**

最好不要过早给宝宝添加奶酪，以免引起过敏。喂食量也不可过大，以免影响其他食物的进食。

> **Tips** 妈妈也可以自己动手给宝宝做奶酪，但自己做的奶酪不好存放，要随吃随做。